U0278098

原来历史就在身边

历史就穿在我身上

卢 溪／著
牟悠然／绘

中国少年儿童新闻出版总社
中国少年儿童出版社
北 京

图书在版编目（CIP）数据

历史就穿在我身上 / 卢溪著 ； 牟悠然绘 . -- 北京 ：中国少年儿童出版社， 2024.10
（原来历史就在身边）
ISBN 978-7-5148-8566-8

Ⅰ . ①历… Ⅱ . ①卢… ②牟… Ⅲ . ①服饰－历史－中国－儿童读物 Ⅳ . ① TS941.742-49

中国国家版本馆 CIP 数据核字 (2024) 第 096326 号

LISHI JIU CHUAN ZAI WO SHEN SHANG
（原来历史就在身边）

出版发行：中国少年儿童新闻出版总社 中国少年兒童出版社

策　　划：叶　敏　王仁芳
装帧设计：柒拾叁号　时天涯
责任编辑：秦　静
责任校对：李　源
美术编辑：陈亚南
责任印务：刘　潋

社　　址：北京市朝阳区建国门外大街丙12号
邮政编码：100022
编 辑 部：010-57526671
总 编 室：010-57526070
发 行 部：010-57526568
官方网址：www.ccppg.cn

印刷：北京缤索印刷有限公司

开本：787mm×1092mm　1/16
印张：7.5
版次：2024年10月第1版
印次：2024年10月第1次印刷
字数：150千字
印数：1—8000册

ISBN 978-7-5148-8566-8
定价：32.00元

图书出版质量投诉电话：010-57526069　电子邮箱：cbzlts@ccppg.com.cn

不会吧？不会还有人跟我小时候似的，以为历史就是摆在书架上那些本大书吧？《二十四史》，一大柜子，那就是中国的历史？

事实上，历史可不光是“过去发生的人和事”那么简单。历史啊，它是一个全息系统。你看，历史就是过去人的生活，而咱们现在的生活，就是未来人眼中的历史！

生活都包括些啥？衣、食、住、行、玩，这就差不多是全部了吧。

可是，你看看古画中五花八门的汉服、博物馆里的器具、景点里的古迹……它们和现在咱们的衣、食、住、行、玩，差距很大呀！我们和历史有联系吗？

仔细观察，咱们的衣、食、住、行、玩与古人的，或多或少都有相似之处。就好像，你和爸爸妈妈、爷爷奶奶、外公外婆那可是完全不同的人，但是别人会说你的鼻子像爸爸，眼睛像妈妈，额头像奶奶，耳朵像外公……你跟祖辈父辈们又有千丝万缕的联系不是吗？

一般来说，你的姓就跟爸爸或妈妈的一样，还有，你在户口本上填的“籍贯”“民族”，总是跟爸爸妈妈其中一位有关系，对吗？

对，这些联系、相似，甚至变化，那都是历史。

你可以把历史理解成一本密码本，表面上看，谁也看不懂。可是，只要给你一个编码规则，你就能把密码翻译出来。对历史的了解与掌握，就是一个“解码”的过程。

你可以假设一下，要是有一种力量，突然让你回到了古代，扔给你一套衣服，你知道怎么穿吗？你知道每个时代，餐桌上主要有什么食物吗？晚上去哪儿住？是自己造一间房子还是找家旅店？出门有什么交通工具可以选择？无聊的时候，能找到什么玩具？

更重要的是，你知道古代的这些衣、食、住、行、玩和现代的有什么不一样，是怎么变化发展的吗？要是给你开个倍速播放，把历史再过上一遍，你能找到事物的发展规律吗？掌握了现代信息的你，能避免古人走过的弯路吗？

所以你看，了解历史，可不只是知道一些枯燥的知识，它更是一种可以玩很久的迷人的解码游戏。从今推回古，从古推到今，越来越熟练的你，就像在一条历史长河里游泳，两边的景物与细节，越来越清晰，越看越好玩。

现在你看到的这几本书：《历史就穿在我身上》《历史就摆在餐桌上》《历史就住在房子里》《历史就跑在道路上》《历史就藏在玩具里》，就像一个大乐园的不同入口，从每一个入口进去，都能看到不一样的精彩！

当你走出这个乐园时，你就是掌握了历史解码能力的人哦，你的世界，变得好大好大，上下五千年，纵横八万里，任你闯荡，任你飞。到时，你就可以跟小伙伴们大声夸赞："历史可真有趣呀！"

你还可以骄傲地告诉他们："历史没那么遥不可及，历史就在你身边！"

杨早

北京大学文学博士，中国社会科学院文学所研究员
中国社会科学院大学教授，中国当代文学研究会副会长
阅读邻居读书会联合创始人

目录
古人的服饰有哪些 2
古人的穿衣戴帽，是如何影响今天的生活的？去看看就知道啦！
古人怎么做衣服 10
史前和夏商 华夏衣冠的源头 18
周代 穿在身上都是“礼” 24
秦汉 穿出来的丝绸之路 34
历史放大镜 《汉宫春晓图》（局部） 44

历史放大镜
《清明上河图》（局部）
76
明朝
承前启后，锦绣繁华
78
宋辽金元
民族服饰共闪耀
64
隋唐五代
多彩开放的大时代
54
清朝
满汉融合
88
历史放大镜
《康熙南巡图》（局部）
98
从民国到现代
文明新装，走向未来
100
魏晋南北朝
衣带渐宽真好看
46

古人的服饰有哪些

“衣食住行”，也就是衣服、食物、住所、交通工具，是一个人最基本的生活需求，离开这四样东西，我们会感觉生活无着。

“衣”被排在“衣食住行”的第一位是有道理的。衣服在冬天时保暖，在夏天时防晒，真是太有用啦！衣服还可以帮我们遮羞，我们习惯了穿衣服，一旦赤身裸体，就会感觉羞涩。如果不穿衣服的话，大家都害羞地躲在家里，哪里也不能去，什么也干不了。衣服还能体现人的精神气质。

衣服有很多种，有贴身穿的内衣，也有出门穿的外套；有上身穿的上衣，也有下身穿的裤子和裙子；有夏天穿的夏装，也有冬天穿的冬装。

除了穿衣服，我们经常还需要戴一些其他配件配饰，比如扎裤子的腰带、头上戴的帽子、脖子上戴的项链、手腕上戴的手表等。

衣服和配饰统称为服饰。服饰还包括我们身上的更多东西，比如某些人戴的假发。不过这本书中所说的服饰，只包括衣服和配饰这两个概念。

换季了，我又没
有衣服穿了！

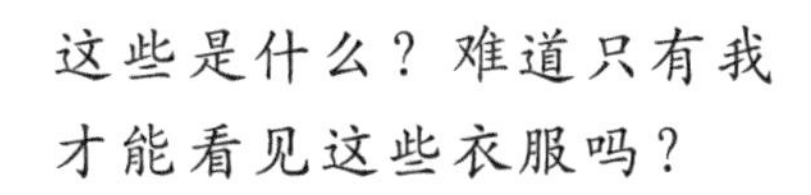
这些是什么？难道只有我
才能看见这些衣服吗？

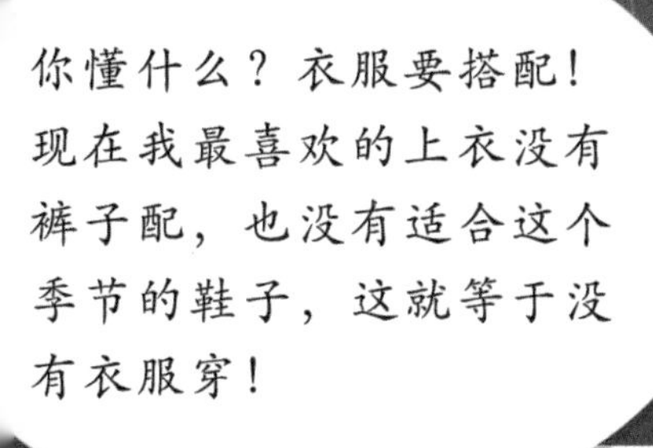
你懂什么？衣服要搭配！
现在我最喜欢的上衣没有
裤子配，也没有适合这个
季节的鞋子，这就等于没
有衣服穿！

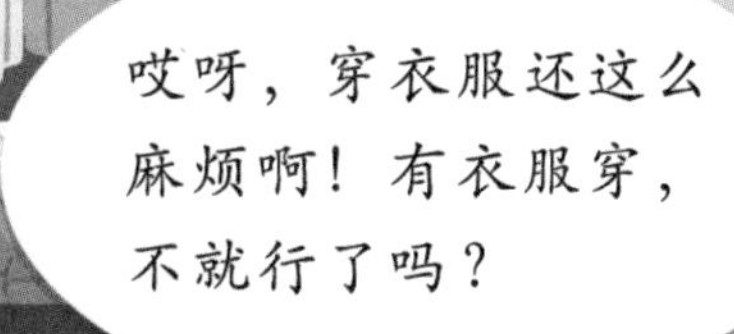
哎呀，穿衣服还这么
麻烦啊！有衣服穿，
不就行了吗？

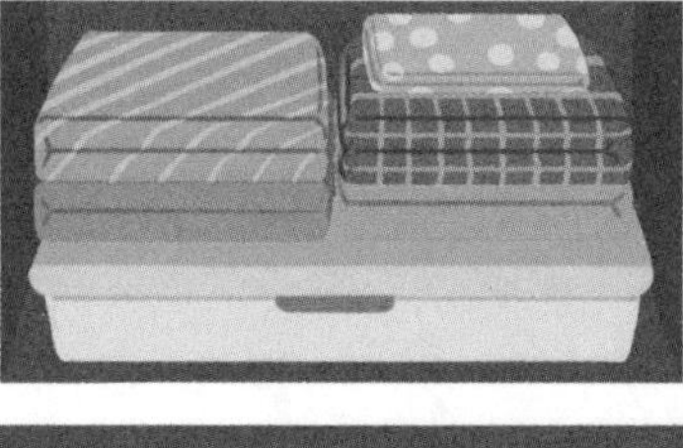

服饰的分类

服饰根据穿戴的位置来划分，戴在头上的叫“头衣”，穿在上身的叫“上衣”，穿在下身的叫“下衣”，穿在脚上的叫“足衣”，以及其他配件。

现代人说起衣服来，往往忽视了头衣和足衣，但在古代不穿头衣和足衣，也就是不戴帽子、不穿鞋袜，会被称为“科头跣足”，是一个人过于散漫或者穷困的表现。

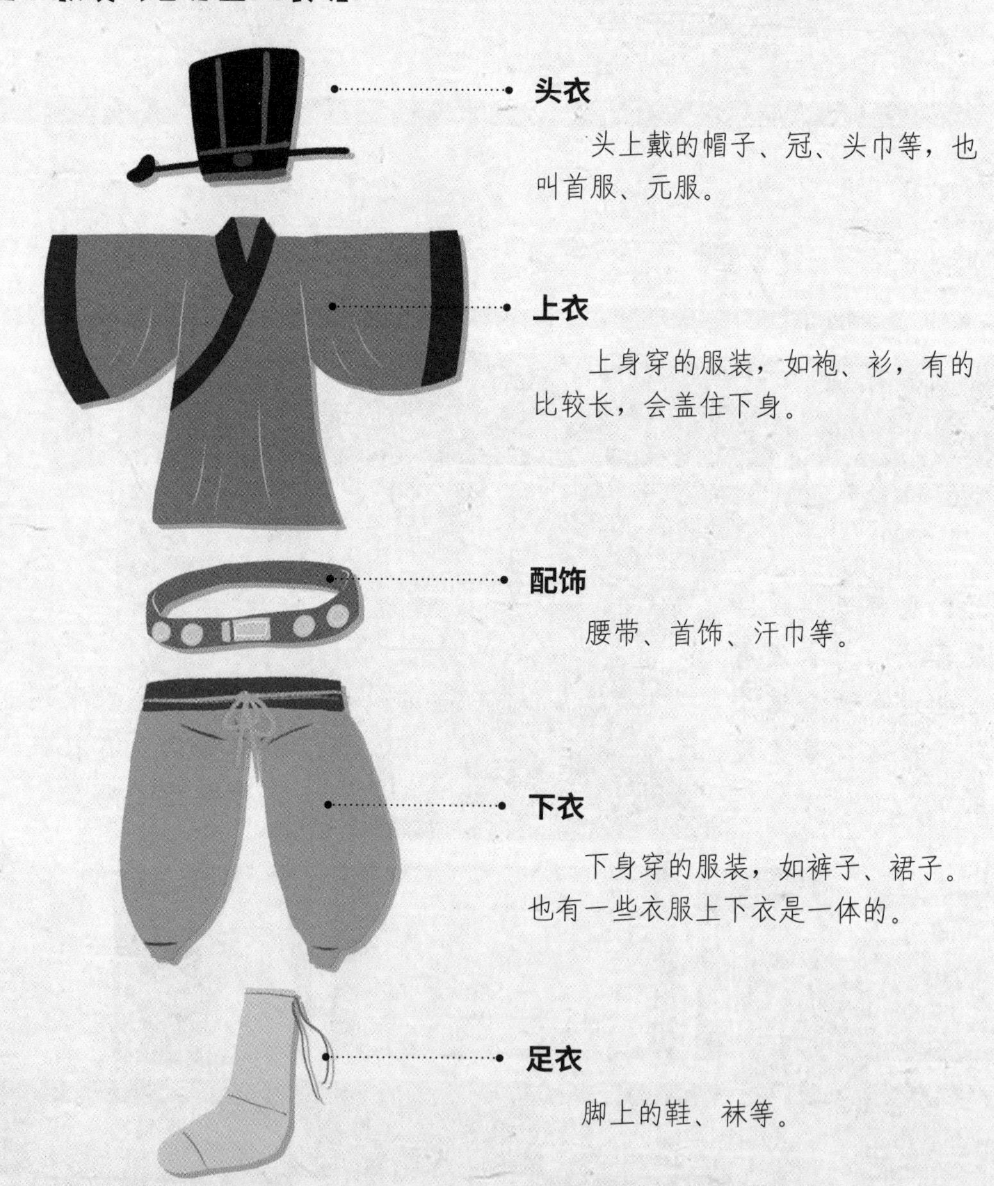

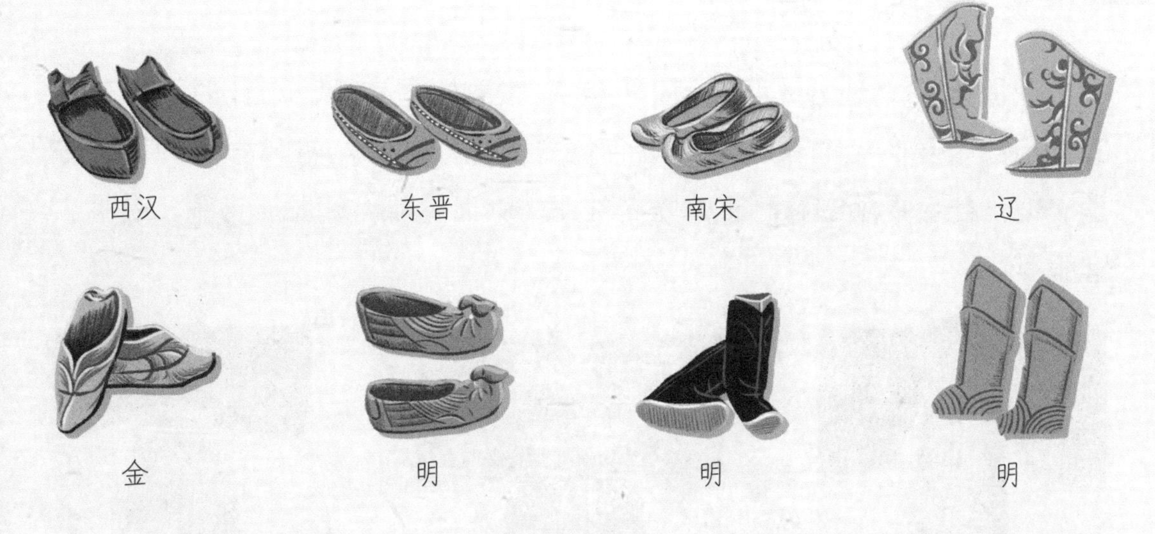

一些古代的足衣样式

中国古代的服装根据贴身还是外露，分为大衣、中衣、小衣。大衣相当于现代的外套；中衣也叫里衣，在外套里面起搭配和衬托作用，包括中衣、中裤、中裙等；小衣相当于现代的内衣，是贴身穿的衣物。

服装根据穿着的时令，可以分为夏天穿的夏装，冬天穿的冬装，春天、秋天穿的春秋装。

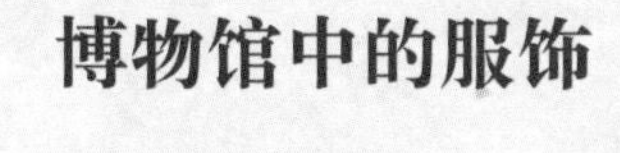

头戴高冠、身穿袍服的青铜立人像
三星堆博物馆藏

清朝皇帝夏天（上）和冬天（下）戴的帽子
故宫博物院藏

根据用途来划分，服装可以分为在家穿的居家服、工作时穿的工作服、运动时穿的运动服和重要场合仪式上穿的礼服。古代服装的用途分类比现代社会更加细致，比如光是礼服，就有冕服、朝服、吉服、赐服、官服等。

冕服

皇帝、贵族等在重大典礼上穿的最高级礼服。

朝服

公共场合、重大典礼上穿的礼服。

吉服

祭祀时所穿的礼服，也叫“祭服”。

赐服

得到皇帝赏赐才能穿的礼服。

官服

官吏所穿的制服，也叫“公服”。

燕服

日常居家时的便服，也叫“燕居服”。

常服

普通礼服，或日常穿的便服。

行服

外出或打猎时穿的衣服，一般有便于运动的特点。

古代衣服的结构

了解古代服饰的时候，“交领”“直襟”“曲裾”这些名词让人困惑，其实这些都是指衣服的一部分。

中国古代服饰形制比较复杂的两个部分是领和襟，此外衣服还有裾、祛、袂、衿、带、缘等部分。

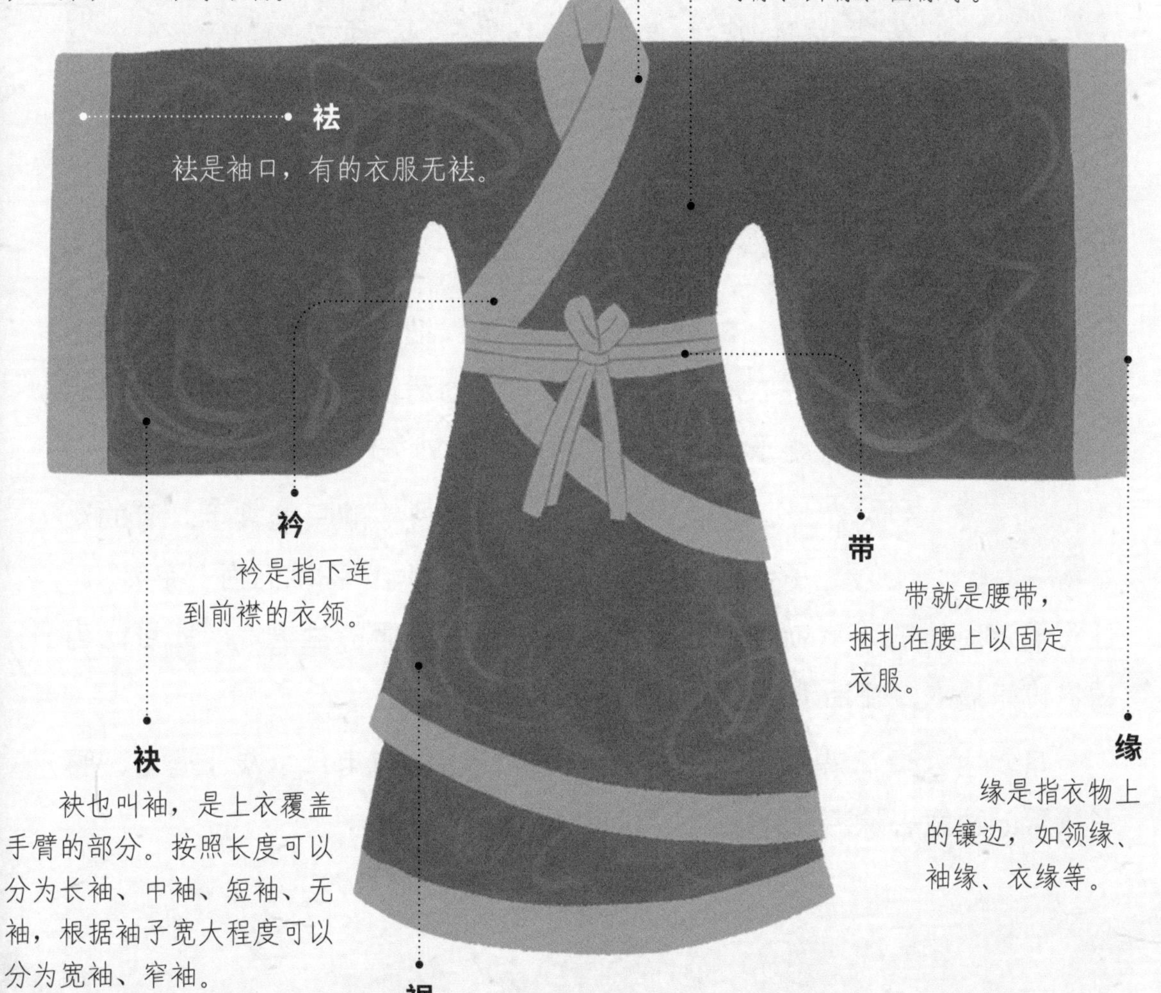

原来如此

领袖

我们常常称一个国家或者团体的最高领导人为“领袖”。这个词来源于服饰。“领袖”这个词第一次出现是在《后汉书》上，指的就是领口和袖口；由于中国古人讲究服饰的礼仪，一个人所穿衣服的领口和袖口往往代表了身份与仪态，因此这个词很快被人们引申为给人做表率的意思；能够给人做表率的人是什么人呢？当然是能够让人学习、仰望、追随的人啦。因此也就有了今天“领袖”的意思。

联袂

袂是左边一个“衣”，右边一个“夬”（guài），是一个形声字。“夬”是水流冲出河流的意思，和人手从衣袖里穿出来的动作很像，所以袖也叫袂。

“联袂”这个词在现在的意思是携手共进或者合作做某事，这是从“手拉手”这个意思引申出来的。袂是袖子，古人的衣服袖子多是很长的，手拉手的时候看上去不就是袖子连着袖子吗？

古人怎么洗衣服？

衣服穿脏后，现代人把它们扔进洗衣机，加上洗衣液，就可以很方便地清洗，然后晾晒干或者用烘干机烘干，还可以送到外头的洗衣店去洗干净。

但古人没有洗衣机，洗衣服只能靠手，有的女子会到河边浣洗衣物，古诗词中称她们为“浣女”。住得离河湖远的人家就在院子里打一盆水，把衣服放盆里洗，还可以用捣衣杵来捣衣，把污渍从衣服上捣下来。

虽然古人没有洗衣粉、洗衣液，但他们也知道用草木灰、皂角、胰子来帮助快速去除污渍。

草木灰

是植物燃烧后的残余灰烬，其中的成分可以去除衣服上的油污。

皂角

是皂角树的果实，把干皂角在水中揉碎，会出现泡沫，用这样的皂角水洗衣服可以去污。

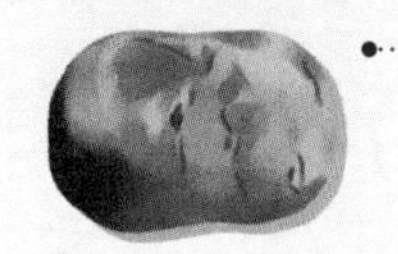

胰子

古人用猪胰脏和草木灰混合制成胰子，是一种类似肥皂的物品，可以用来洗手和洗衣服。现在还有些地方把肥皂叫作胰子呢。

山居秋暝

[唐] 王维

空山新雨后，天气晚来秋。
明月松间照，清泉石上流。
竹喧归浣女，莲动下渔舟。
随意春芳歇，王孙自可留。

诗中的“竹喧归浣女”，描写的正是少女从溪流边洗衣归来，嬉闹着穿过竹林的场景。

直到今天，在小村庄里还能看到有些人在河边的大石头上洗衣服，用棒槌捶打衣物，几千年前的技能就这样流传到了今天。

古人怎么做衣服

衣服要用合适的面料，经过裁剪、缝制才能得到，而绝大部分面料需要用纱线在织布机上织出来，纱线是用动植物纤维纺出来的，纤维要从植物或动物身上获取。中国古代常用的植物纤维有麻、葛、棉等，动物纤维有蚕吐的丝，也有羊、马等动物的毛。

原来做衣服的原料，就是植物的茎皮、蚕宝宝吐的丝和小羊身上柔软的羊毛呀！从纤维变成衣服，真是一个非常神奇的变化。

蚕宝宝多么可爱、多么伟大啊！我们穿的很多衣服是从它们身上来的。
你说什么？我穿的衣服不是从商场里买来的吗？

做衣服，先要做面料

古人要做衣服，先要**纺纱**。纺纱也叫纺绩，是把动植物的纤维变成纱线的过程。

原来如此

成绩

绩的本义是把纤维搓捻成线，纺绩成功了就是“成绩”，在耕、织作为主要劳动内容的古代，这可是重大工作成果，因此，“成绩”一词就引申为工作或学习的收获之意，随之“绩”就有了成果的含义，如成绩、业绩、功绩、绩效。

纺纱

纺纱之前，先要加工合适的纤维。

麻布是中国古代普通老百姓最常用的服装面料。大麻、苎麻、亚麻、黄麻、青麻等植物的纤维都可以用来纺纱。中国古代主要是用大麻和苎麻的茎皮来制作纤维。麻皮经过一系列工艺，就可以得到一根根分离的麻纤维，再纺成麻线。

宋朝时，棉布逐渐代替麻布，成为最常见的服装面料。棉的种子上有一团茸毛，经过去棉籽、弹松、梳理等工序后，就可以纺棉线了。

葛和麻一样，也是用茎皮来制作纤维，葛布穿着非常凉爽透气，是古人夏装的常见面料之一。葛纤维的加工方法和麻纤维差不多。

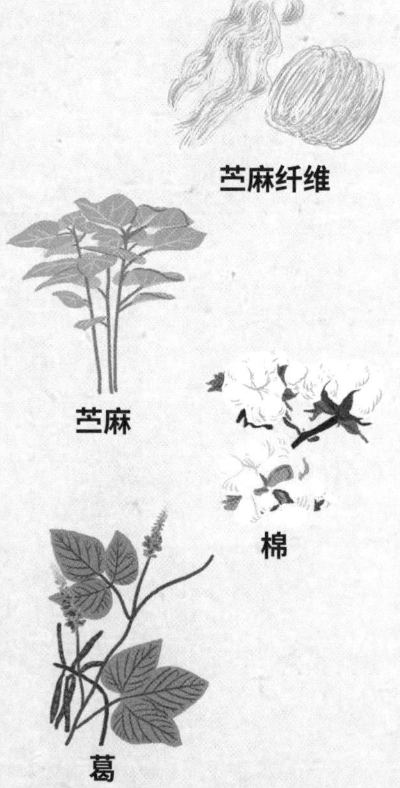

苎麻纤维

苎麻

棉

葛

古人发现一种吃树叶的小虫子会吐洁白漂亮的丝，这种小虫子就是蚕。把蚕吐丝结成的蚕茧浸在热水里抽出丝，这个过程叫缫丝，得到的是生丝。生丝纺纱后可以织成丝绸，丝绸是中国古代最具代表性的服装面料。大约 5500 年前，先民就会养蚕、缫丝和织造丝绸了。中国生产的丝绸非常美丽，不仅深受我国古代的王公贵族喜爱，还出口到了很多国家。

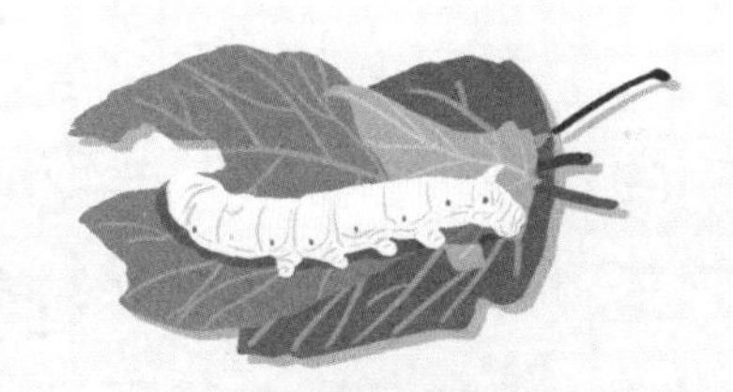

蚕

羊毛是羊身上的毛，可用于制作呢绒、毡等。把羊毛从羊身上剪下来以后，洗净，弹松，然后就能纺线了。

剪羊毛

博物馆中的服饰

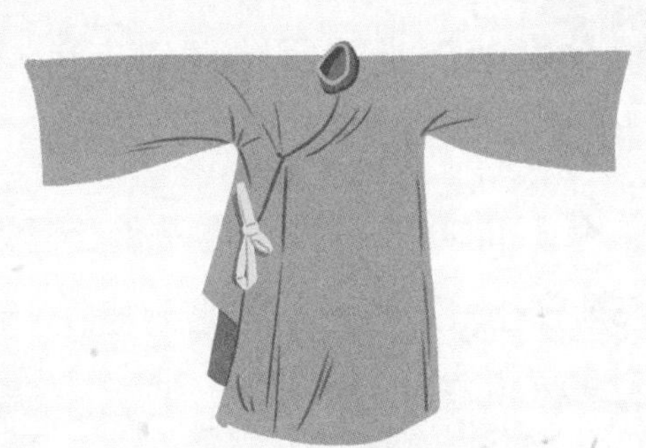

夏布（苎麻布）单衫
荣昌夏布博物馆藏

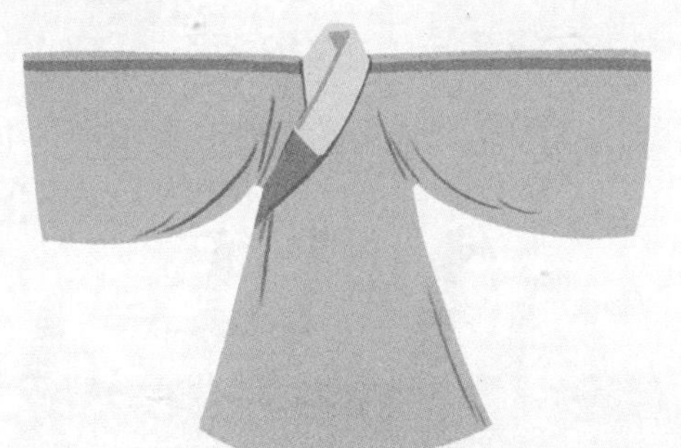

孔府旧藏本色葛袍
孔子博物馆藏

有了麻、蚕丝这些纤维，怎么把它们纺成纱线呢？

最简单的办法就是用手搓，把这些散乱的纤维搓成一条纱线。这种办法也许是古人从搓绳子中联想到的。

后来发明了纺轮（也叫纺专），利用纺轮旋转来代替手搓，这样纺纱线就快多了。

再后来，出现了专门的纺纱机械——手摇纺车，只要转动纺车就能完成纺纱的工序，甚至可以一次纺多根纱线。经过改进，手摇纺车演变成了脚踏纺车。

手搓纺纱

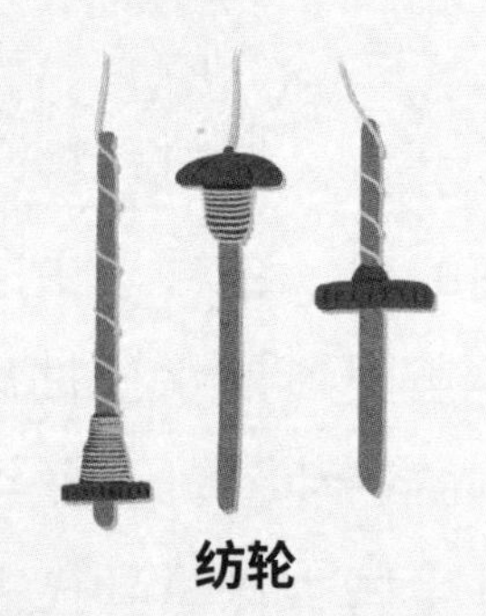
纺轮

聪明的古人还想到可以用水力代替人力来转动纺车，这下，一次能纺更多纱线啦！

纺纱之后就可以织布啦。古人很早就会用藤条、竹片、绳索来编织篮子、筐或网。后来他们发现，把纺纱得到的纱线，按照编织的方法操作，就可以织成布。用蚕丝织成的布叫丝绸，用葛纤维织的是葛布，用麻纤维织的是麻布。这些布比兽皮更加轻便舒服，也更容易加工。织布技术的发明拓宽了服装的面料来源。

织布要用专门的机器，最早的织布机是席地而坐的原始腰机，也叫踞（jù）织机，由不同的部件组合在一起构成。

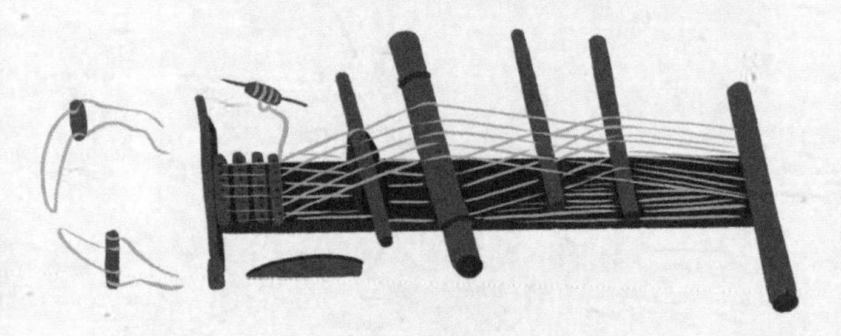
原始腰机

织布之前，古人要先把经纱整理好上机，然后席地而坐，用脚蹬着织布机的一端，把另一端放在肚子上，使用梭子和机刀，使横的纬纱和竖的经纱紧密交织在一起，一点点织出了布。

在原始织布机的基础上，经过一段时间的发展，出现了更加先进的综蹑织机。“综”指综片，是织布机上控制经线上下提放以穿过纬线的部件；“蹑”是脚踏板，可以用脚踩蹑来间接控制综，让双手可以专注于其他织布工序。

综蹑织机可以设置不止一个蹑和综，越复杂的综蹑织机可以织出花纹越复杂的面料。

单综单蹑织机

为了让织出来的面料更加美观，古人不满足于织出平面的花纹图案，还发明了提花技术——在纺织时以经线、纬线交错形成凹凸的花纹。

提花离不开提花织机，最典型的就是庞大复杂的花楼提花织机。这种织机一个人已经无法操作，需要两个人配合操作，可以用来织美丽的云锦。

博物馆中的服饰

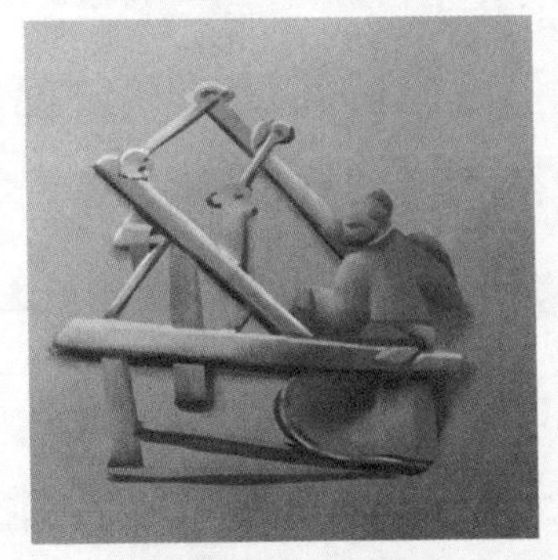

曾家包出土东汉画像石中的单综单蹑织机
成都博物馆藏

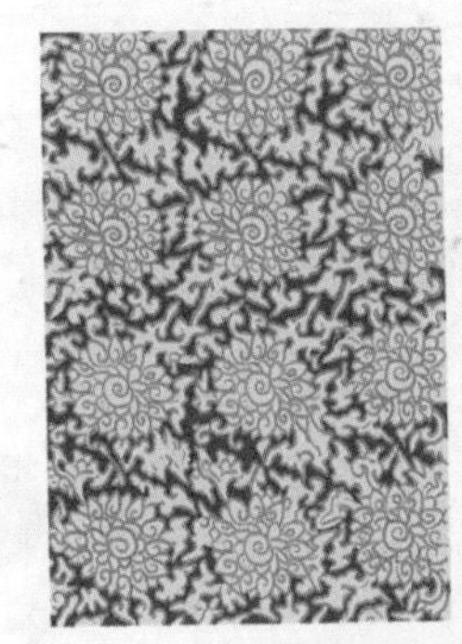

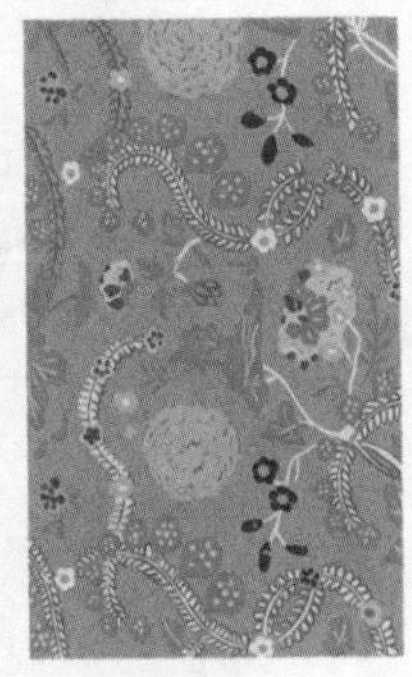

不同花纹的云锦面料
故宫博物院藏

原来如此

穿梭

梭子是织布机上重要的部件，可以引导纬线穿过经线，织布时梭子需要来回穿经，这样的动作就叫“穿梭”。现在这个词用来指两个或多个不同事物之间相互通过的现象，如“我在人流中穿梭”。人们形容时间过得很快，会说“岁月如梭”，如果你真正看过织布，就会知道梭子在织布机上来回穿得真的很快！

经纬

织布时需要把纱线分为横竖两部分，当人坐在织布机前时，面对纱线，竖的是经线，横的是纬线。因为经纬线交织非常整齐，“经纬”就用来比喻条理和秩序。此外，“经纬”一词还可以引申为道路、规划治理、谋划等。

经纬

面料如何变漂亮

除了织出有花纹的平纹面料和提花面料，还可以在织好面料以后，通过**印染**的方式让面料变得美观。

印染的工艺主要有染色和印花等。

染色就是用染料把面料从原始的本色染成其他颜色。古人很早就开始利用天然的矿、植物染料对纺织物进行染色，石器时代的古人会用赤铁矿粉末把麻布染成红色，周朝时，人们开始使用茜草染出漂亮的红色，用几种蓝草来染出蓝色和青色。

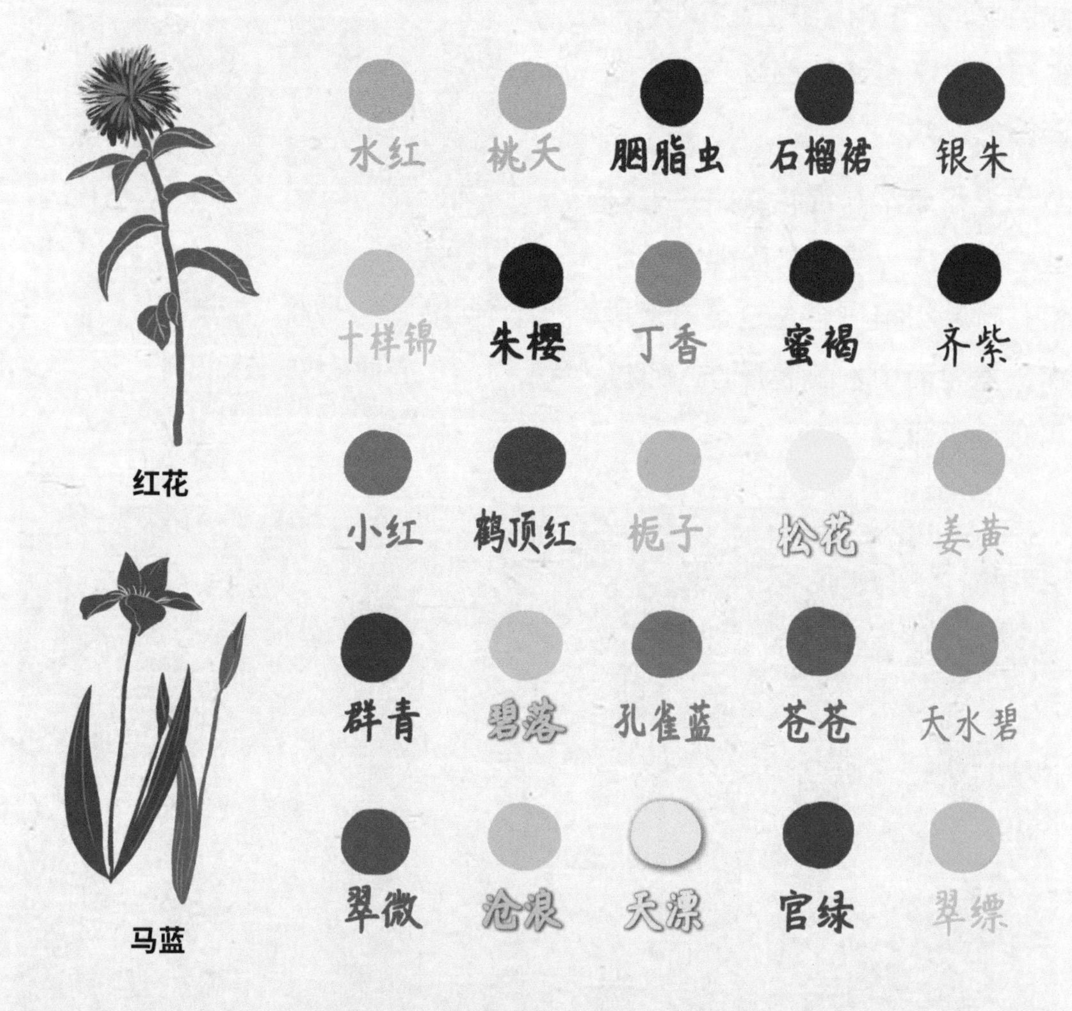

印花是用染料或颜料在纺织物上施印花纹的工艺。我国古代有 4 种有名的印花工艺，分别是蜡染、扎染、镂空印花和夹染。

博物馆中的服饰

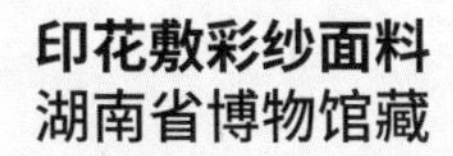

印花敷彩纱面料
湖南省博物馆藏

鹭鸟纹彩色蜡染褶裙
贵州省博物馆藏

有了漂亮的服装面料之后，通过裁剪加工做出漂亮的衣服。周朝时，有负责为王公贵族裁缝衣服的女工和奴隶。百姓一般靠家中的女子制作衣服。明清时期，有专门的裁缝为顾客量体裁衣。

原来如此

裁

本义是裁剪衣料；因为裁剪会让衣料变少，“裁”又有削减的意思，比如裁员；后来又引申出多种意思，比如裁判、制裁、体裁里“裁”的含义都不一样，你能理解吗？

藏在服饰里的成语

【青出于蓝】

周朝人已经知道用不同的染料来给面料染色，其中青色（青黑色）是从蓝草里提炼出来的，但颜色比蓝草更深。后来，这个词就用来比喻学生超过老师或后人胜过前人。

【天衣无缝】

传说中，神仙穿的天衣不是靠剪裁、缝纫制成的，所以没有缝衣的缝，后来比喻事物完美无破绽。

史前和夏商

华夏衣冠的源头

我们把有正式历史记载之前的时期称为史前时期，一般指夏朝以前的时代，这是一个漫长的时期，大约有二百万年。史前时期，人类处于原始社会，分为原始人群、母系氏族社会，以及父系氏族社会 3 个阶段。这个时期根据使用工具的不同，还可以分为旧石器时代和新石器时代。古代传说中的三皇五帝就生活在这个时期。

原始社会后期，不同氏族、部落之间逐渐合并，国家渐渐成形。治水有功的大禹和他的儿子启建立了中国古代第一个世袭制王朝——夏朝。夏朝统治了大约 470 年后被商朝推翻；商朝则延续了约 550 年。夏朝和商朝都是奴隶制社会，少数贵族奴隶主统治着大量奴隶，此外也有一些有人身自由的平民。

史前时期和夏商时期距离我们很遥远，可是他们的许多穿戴服饰的习惯直到今天仍在被我们沿用。一些现代人喜欢穿皮草，史前人类也穿皮草，只是随着时代的发展，人们环保意识的提高，越来越多的人使用人造皮毛作为衣服的原料。再看一看史前人类和夏商时期人们制作的项链和饰品，几万年、几千年之后，我们仍然会佩戴相似的款式。
皮草是非常古老的衣服，也可以说是最古老的衣服了。穿皮草的我们，被你们称为“原始人”。

远古时期的人类是没有衣服穿的，后来出于御寒、防晒等需要，他们开始把打猎得到的动物皮毛、天然的树叶等围在身上，这就是最原始的衣服。

饰品、帽子、鞋子的历史，可能比衣服还要早，因为它们的制作更加简单：采几朵野花编成一个花冠戴在头上，不就是最早的头饰吗？下雨的时候，摘一片大树叶挡在脑袋上，不就是最早的帽子吗？把兽皮绑在脚上，防止脚被冻伤或被地上尖锐的石头刺伤，不就是最早的鞋子吗？

史前服饰复原图

“时髦”的原始人

当人类开始按自己的需求加工天然材料，制作更加合身的服饰时，服饰就变得精致和复杂起来。可以这样说：从原始人穿上衣服的那一刻开始，服饰对人类就不仅仅是保暖和蔽体这么简单。服饰从诞生之日起就承担了一个重要的使命，那就是——美化人类！

大约 3 万年前，在今天北京市的一处地方，生活着一群原始人，他们被称为“山顶洞人”。在山顶洞人遗址中，考古学家发现了他们用的骨针和项链。山顶洞人会用骨针加工动物的皮毛，把几块小一点儿的兽皮缝起来，制成简单的兽皮衣服，他们还会把天然的材料钻孔穿成项链，戴起来让自己显得更美丽。

博物馆中的服饰

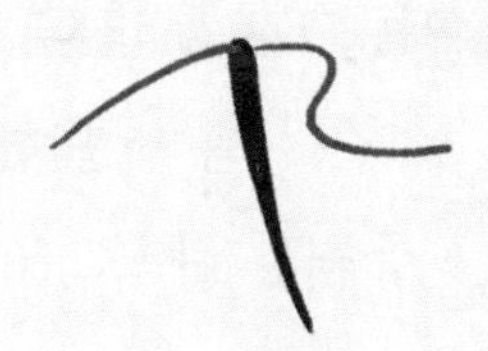

骨针
周口店遗址博物馆藏

这是山顶洞人用的骨针，是用骨头经过切削、打磨后做成的，大概比人的手指长一点儿。骨针一头尖尖的，另一头有针孔。

项链
周口店遗址博物馆藏

这是山顶洞人的项链，把钻了孔的石头、兽牙、鱼骨和贝壳穿在一起制作而成。有的鱼骨上还有红色痕迹，那是用赤铁矿染的颜色。

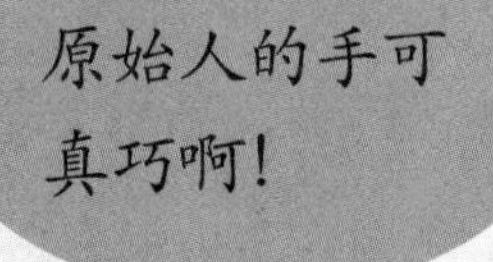

原始人怎么在石头、骨头等坚硬的材料上钻孔？

制作骨针和项链，需要钻孔。山顶洞人没有电钻，是怎么做到的呢？

最简单的办法，就是用尖锐的石头当钻头，在材料的一面或两面反复钻，称为桯（tīng）钻。也有用空心的竹管钻头来钻孔的，叫作管钻。

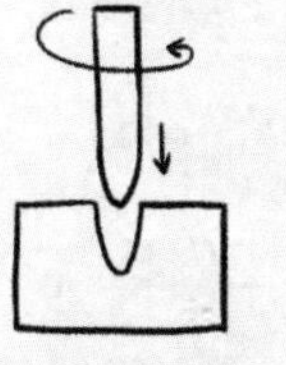
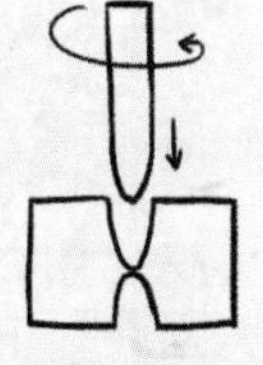
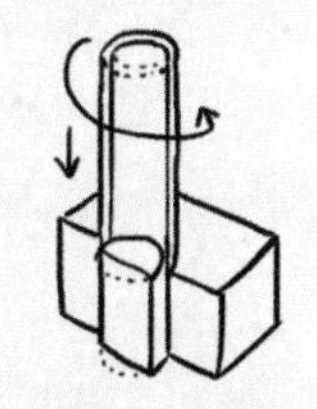

单面桯钻、双面桯钻、管钻示意图

后来又发明了弓钻，用弓来快速水平拉动钻头，代替手的转动，这样一来更加快速和省力。

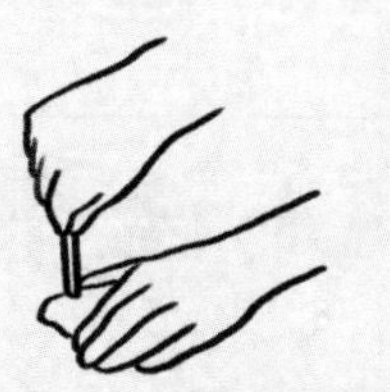
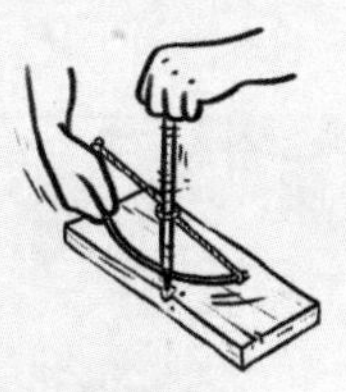

手钻和弓钻示意图

博物馆中的服饰

新石器时代玉人兽复合佩
故宫博物院藏

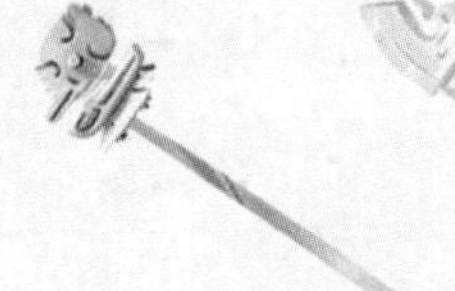

妇好墓出土的骨笄
中国国家博物馆藏

商代弦文玉发箍
美国弗利尔美术馆藏

差不多与山顶洞人同时，以及更晚一些时候的古人，还有其他多种多样的服饰：他们有的戴着平顶帽子，有的穿不连裆的裤子，有的穿着非常“时髦”的翘头靴子；有一些姑娘在头发上插上骨针、骨笄（jī）、陶笄作为装饰，有一些姑娘耳朵上戴着耳环、耳塞或耳坠，甚至鼻子上还有鼻环，她们的佩饰一点儿都不比现代人少。

用骨笄盘发

穿兽皮装和穿贯头衫的原始人

身份让服饰变不同

到了夏朝和商朝，人们分化出不同的阶级。大多数人成了平民甚至奴隶，只能穿粗糙的葛布、麻布衣服，只能蹬草鞋，很少有佩饰。他们的衣服和以前比起来没有太大变化。少数人成了不用从事体力劳动的贵族，他们的衣服比以前更加华丽、更为多样。他们夏天可以穿华丽的丝绸衣服，冬天能穿昂贵的皮草。他们有漂亮的帽子、上衣和裳，裳前有韨（fú），脚上有靴子，身上还佩戴各种饰品。

夏商时期形成了交领衣、冠帽、玉笄等服饰形制，对于之后数千年的中国服饰发展产生了深远影响。

原来如此

布衣

古装电视剧中常有人自称“布衣”，诸葛亮在《出师表》里也写自己原来是“布衣”，这是什么意思呢？

布衣，顾名思义就是用普通的麻布或葛布制作的衣服。在等级森严的古代社会，谁会穿这样的衣服呢？只有平民百姓，因为他们买不起昂贵的丝绸和皮草。古人说话含蓄，常常用衣服来指代人，长期下来就形成了用“布衣”来指代平民百姓的习惯。

布衣就是平民百姓，就是不做官的人，你明白了吗？

博物馆中的服饰

玉人戴高巾帽，上身穿交领衣，下身着裳，裳前面斧头形状的东西就是韨，韨具有装饰作用。

河南安阳出土的商朝贵族玉人
美国哈佛大学弗格美术馆藏

藏在服饰里的成语

【夏裘冬葛】

裘指皮草衣服，穿上暖和，适合当冬装；葛指葛布衣服，穿上凉快，适合当夏装。正常是夏穿葛、冬穿裘，这里反过来，用以比喻世事反复变化，并且向着不好的方向发展。

穿在身上都是“礼”

周代是中国历史上统治时间最长的朝代，共有 791 年，分为西周和东周两个时期，东周又分为春秋和战国两个阶段。

西周时期已经形成了有体系的服饰制度，天子穿什么，诸侯穿什么，百姓穿什么，都有很细致的规定，这种规定属于“周礼”的内容之一。那时候的服饰可不像现在这么简单，穿什么，戴什么，绝对不能随意发挥——都得由“礼”说了算，违反了“礼”是很严重的事情。

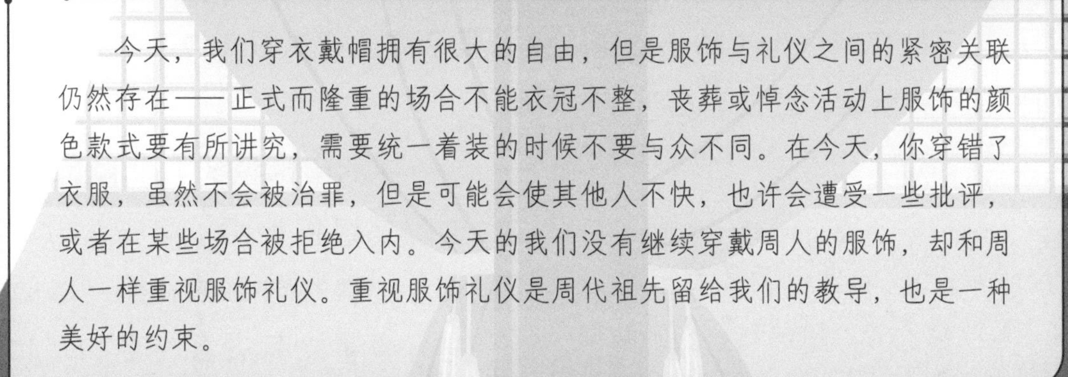

今天，我们穿衣戴帽拥有很大的自由，但是服饰与礼仪之间的紧密关联仍然存在——正式而隆重的场合不能衣冠不整，丧葬或悼念活动上服饰的颜色款式要有所讲究，需要统一着装的时候不要与众不同。在今天，你穿错了衣服，虽然不会被治罪，但是可能会使其他人不快，也许会遭受一些批评，或者在某些场合被拒绝入内。今天的我们没有继续穿戴周人的服饰，却和周人一样重视服饰礼仪。重视服饰礼仪是周代祖先留给我们的教导，也是一种美好的约束。

周朝的君主称为王，也称为天子。天子穿衣服是非常有讲究的，不同的场合，穿不同的衣服；参加不同级别的活动，服饰有细微的差别，一点儿都不能搞错！为了防止出错，这么复杂的“穿衣服工作”必须由专门的官员来管理，这些官员叫作“司服”。

王的服饰包括吉服和凶服，吉服是祭祀神明、祖先、山川或参加典礼时穿的礼服；凶服是有丧事或有灾害时穿的。此外还有处理朝政、参加狩猎和军事行动的弁（biàn）服。

西周：从天子的衣橱看起

我们常常看到古装电视剧里，皇帝戴着冕冠，穿着龙袍在处理政事。可是你知道吗？电视剧里很多时候都穿戴错了。

这样的冕冠是参加典礼活动时才会戴的，并不是皇帝每天坐朝堂的时候戴的。

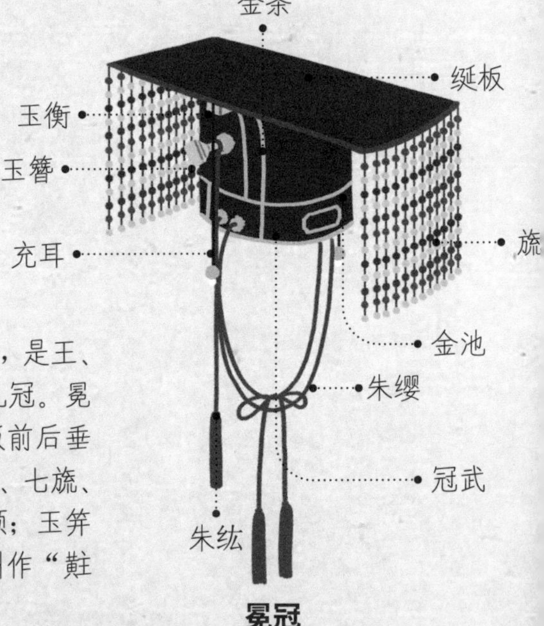

冕冠

冕冠，也称“旒（liú）冠”，俗称“平天冠”，是王、公、卿等在参加典礼活动时所戴的等级最高的礼冠。冕冠上面的平板叫綖（yán）板，前高后低；綖板前后垂下的珠串叫旒，根据礼服等级，有十二旒、九旒、七旒、五旒、三旒之分，每旒有五彩玉珠九颗或十二颗；玉笄横插过发髻，用来固定冕冠；两侧垂下的珠子叫作“黈纩（tǒu kuàng）”，也叫“充耳”。

王的祭祀活动包括祭祀天帝、祖先（也就是已经去世的王）、去世的公爵、名山大川、社稷，以及其他神明。每种祭祀活动穿的冕服都不相同，具体体现在礼服上的纹章（也就是花纹）样式不同、礼冠上的旒的数量不同等方面。

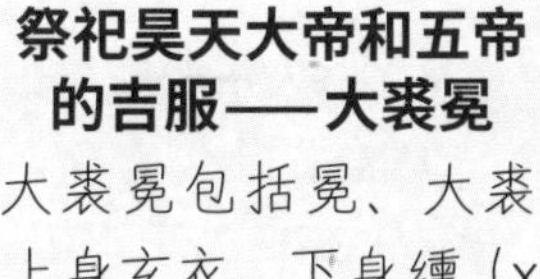

祭祀昊天大帝和五帝的吉服——大裘冕

大裘冕包括冕、大裘。大裘由上身玄衣、下身纁（xūn）裳组成。玄是青黑色的意思，象征苍天；纁是黄赤色的意思，象征大地。衣裳上没有纹饰，以显示质朴气质。冕无旒。足蹬赤舄（xì）（红色丝绸面的木底鞋）。

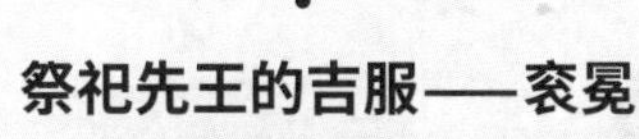

祭祀先王的吉服——衮冕

衮冕包括冕、衮服。衮服由上身玄衣、下身纁裳组成。玄衣上有日、月、星辰、山、龙、华虫六章纹饰，纁裳有火、宗彝（yí）、藻、粉米、黼（fǔ）、黻六章纹饰，共十二章纹饰。冕十二旒。足蹬赤舄。

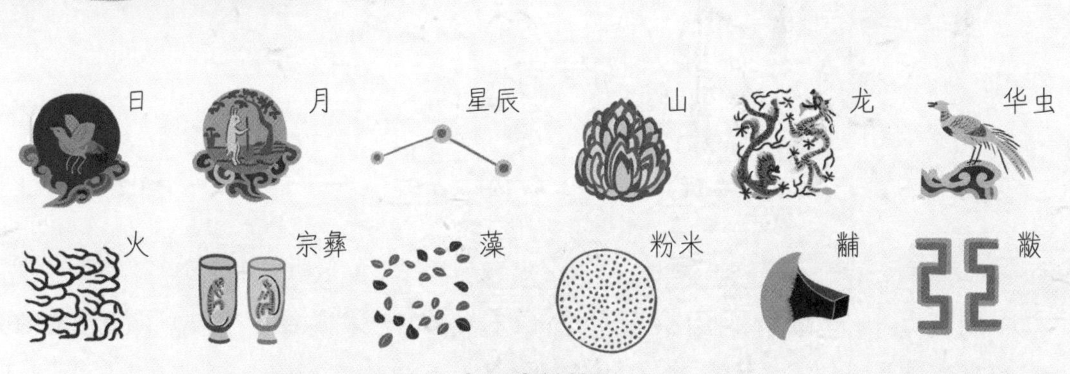

十二章纹饰

藏在服饰里的成语

【充耳不闻】

充耳是冕冠靠近耳朵的配件，用来在某些时候塞住耳朵。既然塞住耳朵，那就是不听的意思。因此后来“充耳不闻”成为成语，形容有意不听别人的话。

【冠冕堂皇】

冠冕是国家的君主、大臣等人所戴的礼帽，堂皇是气势宏大的厅堂，两者结合在一起本来是庄严气派之意，但随着时代变化，这个词成了贬义词，形容故意装作外表庄严、体面或正大的样子，实际上并非如此。

王参加军事活动，要穿韦弁服（穿韦服，戴韦弁）；处理朝政，要穿皮弁服（穿白色绢衣，戴皮弁）；狩猎活动，要穿冠弁服（穿黑衣白裳，戴玄冠）。参加祭祀活动，要穿爵弁服（穿玄色丝衣，纁色下裳，戴爵弁）——不过爵弁不是王专属的，士、大夫、卿、诸侯在冠礼、婚礼等礼仪活动中也可以戴。

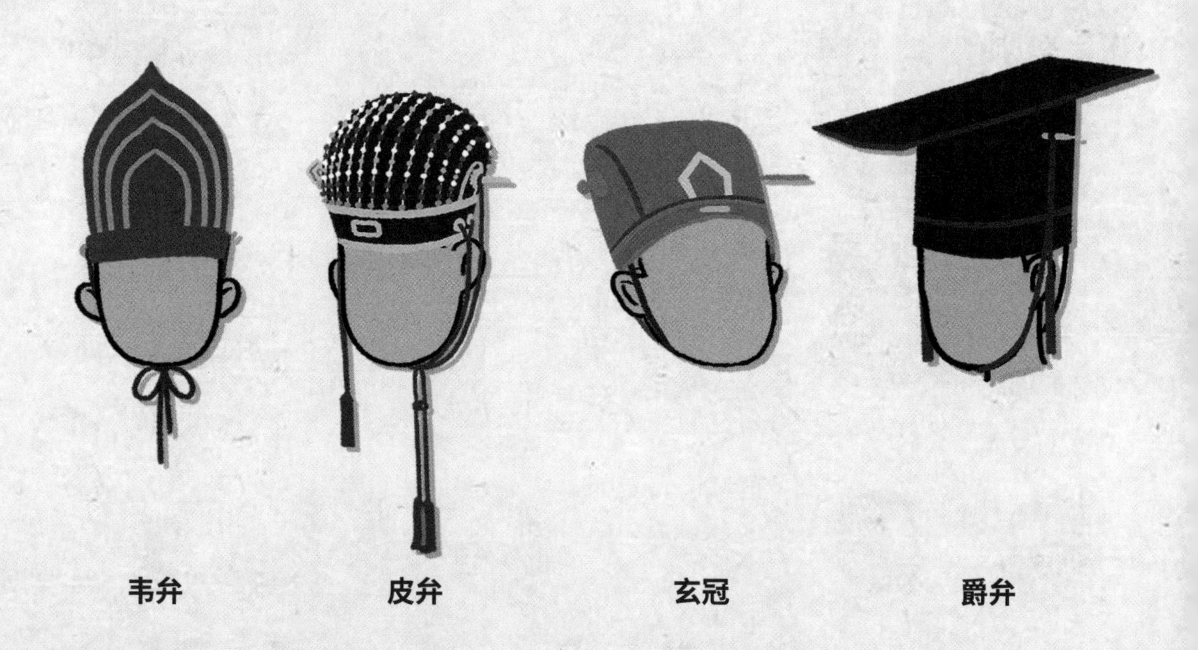

周代有一首军歌，用战友间分享衣物的友爱之举，表现了战士们的乐观与英勇。其中提到的袍、泽、裳都是当时衣服的名称。

秦风·无衣

[周] 佚名

岂曰无衣？与子同袍。王于兴师，修我戈矛。与子同仇！

岂曰无衣？与子同泽。王于兴师，修我矛戟。与子偕作！

岂曰无衣？与子同裳。王于兴师，修我甲兵。与子偕行！

搭配不能乱

有丧事的时候，司服要为王穿丧服，戴丧冠；吊唁的时候，穿吊服，戴爵弁加环绖（dié）；服丧的时候，根据服丧对象不同，有不同的服饰；发生瘟疫、饥荒、天灾时，不仅王要穿戴白色的衣帽，大臣们也要这样穿戴。

博物馆中的服饰

玉璜可以和其他佩饰组合起来，戴在脖子上。

西周玉组佩
陕西历史博物馆藏

战国白玉龙形佩
故宫博物院藏

服饰制度规定，要穿不同的鞋子，佩戴不同的饰品来搭配衣冠。鞋子有多层底的“舄”，还有单层底的“屦（jù）”。佩饰多是玉的，有的佩戴在胸腹部，有的系在腰带上。

记住，“天子的衣橱”碰不得，里面的衣服只有天子能穿，其他人要敢穿，是要赔上性命的！周朝等级森严，王以下的各级贵族：公、侯、伯、子、男，以及卿、大夫、士，都有对应的服饰规定。在周朝，错穿了等级高的人的服饰，是很严重的错误，称为“逾制”，会受到惩罚。

东周：华夏服饰立规矩

东周，也就是春秋战国时代，服饰出现了新的变化。

当时，汉族的祖先自称为华夏，把其他民族称为“夷狄”“蛮夷”，把他们的衣服称为“胡服”。孔子曾经说，一个人如果穿戴华夏的服饰，那他就是华夏人，如果他穿戴夷狄的服饰，那么他就是夷狄人。虽然当时的人把两类服饰泾渭分明地分开，但两种风格一直在互相影响。

最典型的华夏服饰——深衣

“深衣”，因能将身体深藏而得名。深衣的特点是上衣和下裳是缝在一起的，衣襟向右边掩（右衽）。

曲裾深衣和直裾深衣对比图

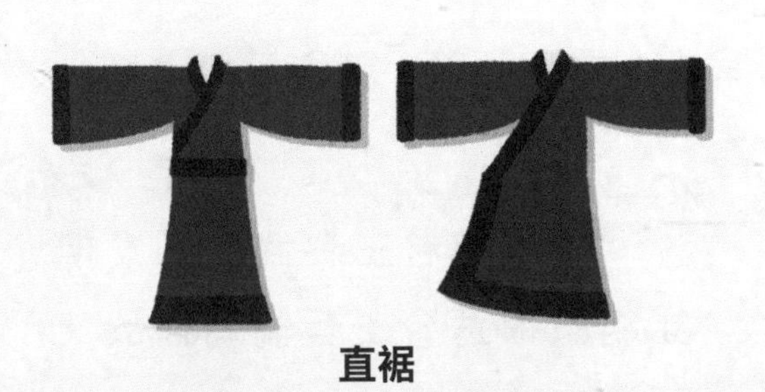

直裾

曲裾

深衣面料多为麻布，有的有彩色花纹，或边缘有织绣。深衣的特点是上身合体，下裳宽大、长至脚踝或拖地。深衣原来用腰带系扎，后来受胡服影响也用带钩配皮带系腰。

胡服：不合规矩但好用

深衣等华夏服饰的特点是交领右衽、宽衣大带。而胡服反其道行之，普遍是短衣、长裤、皮靴或裹腿，衣袖很窄，衣领向左掩（左衽），穿上这样的胡服行动更加方便。

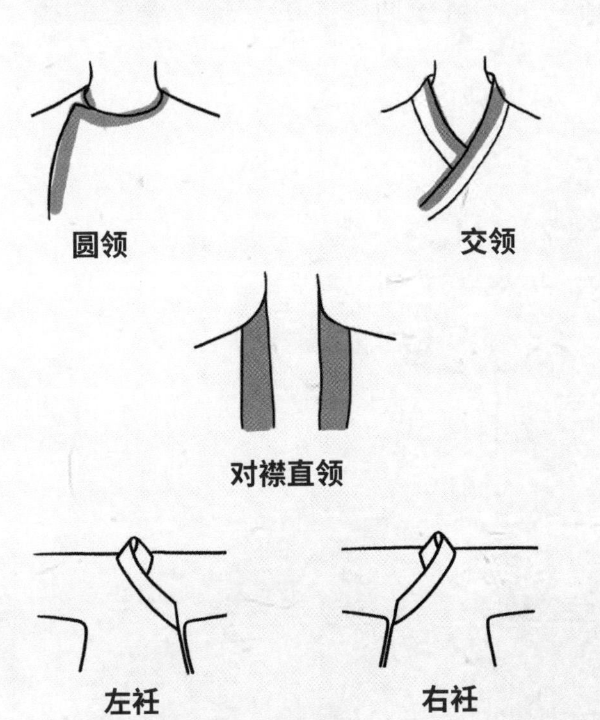

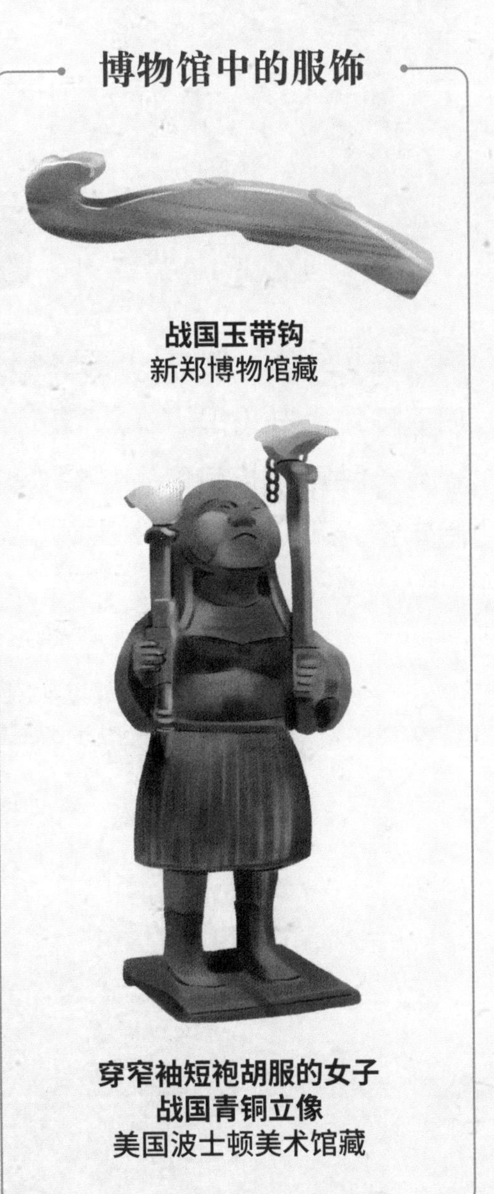

博物馆中的服饰

战国玉带钩
新郑博物馆藏

穿窄袖短袍胡服的女子
战国青铜立像
美国波士顿美术馆藏

战国时期各国争战不休，谁能在军事上更胜一筹，就能更快占据优势地位。

赵国的君主赵武灵王发现穿胡服很适合士兵骑马作战，便发起“胡服骑射”改革，让士兵都穿胡服，结果赵军果然强大起来，胡服风格也深深地影响了当时百姓的服饰。“胡服骑射”是其他民族服饰影响华夏服饰发展的一个典型例子。

重要的衣服——内衣

除了外衣，这时人们已经有了内衣。贴身的内衣叫“亵”，女子的内衣称为“衵（nì）”，“衷”指穿内衣的动作，也有贴身内衣的意思，还有一种贴身长袍称为“袢（zé）”（“与子同泽”的“泽”是它的通假字）。

“华夏”是我国的古称，泛指中华民族。“有礼仪之大，故称夏；有服章之美，谓之华”，礼仪和服饰是华夏文明的重要组成部分。不管是西周天子的衣橱，还是东周之后百姓的外衣和内衣，无不透露出服饰和礼仪密不可分的关系。现在你知道了吧，穿衣服从来都不是随便的事。

原来如此

亵渎

亵渎是冒犯、不恭敬的意思。这个词是怎么来的呢？其实亵的本义是内衣，或者在家穿的便服；因为内衣是不可以给外人看的，一旦看了，那就是冒犯、不尊重，因此“亵”这个字就组成了很多类似意思的词语。

由衷

我们常常说“由衷感谢”“由衷敬佩”，“由衷”是发自肺腑的意思。这是源于衷的本义——穿内衣的动作。这是一个非常私密的动作，内衣又是最贴近自己身体皮肤，甚至是最接近心脏的衣服了，所以“衷”指内心，“由衷”就是从内心最深处发出来的意思。

穿出来的丝绸之路

战国末期，强大的秦国最终统一了中国，建立了中国历史上第一个统一的多民族封建王朝，秦始皇成了中国历史上第一位皇帝。秦朝统治时间很短，之后汉朝建立。汉朝有 400 多年的历史，分为定都长安（今陕西西安）的西汉和定都洛阳的东汉。这一时期，中国非常繁荣和强大，中国人口最多的民族至今还称自己为“汉族”“汉人”。

秦汉时期，尤其是立国400多年的汉朝，丝绸大发展。丝绸不仅在当时风靡世界，一直到今天，仍然是人们喜爱的服装面料之一。今天我们和汉朝人一样穿着丝绸，把汉朝时由服饰衍生出来的“纨绔子弟”“平头百姓”等词语挂在嘴边，不仅如此，在世界范围内，中国的传统服饰被人笼统地称为“汉服”，许多国家都有汉服热爱者。汉朝服饰离我们并不遥远，有时它就穿在我们身上。

丝绸让服饰更美丽

西汉时期，汉帝国为了联合西迁的大月氏（zhī）人夹击匈奴，派张骞出使西域。张骞两次出使，历时 20 多年，令中国同西域以及更往西的中亚等地交流更畅通。从这时开始，从长安往西一直通往罗马帝国，形成了一条横贯亚欧大陆的重要经济通道，它也是东西方文化交流的友好通途，被称为“丝绸之路”。

既然是“丝绸之路”，就代表在这条通路上，丝绸是东方销往西方的最重要的产品。中国的丝绸风靡西方，在罗马帝国掀起了抢购热潮。大量的出口也促进了中国丝织业的发展，以丝绸为面料的服饰变得越来越美丽奢华。

博物馆中的服饰

汉代黄褐色对鸟菱纹绮地“乘云绣”
湖南省博物馆藏

汉朝女鞋——丝履
湖南省博物馆藏

这样美丽的丝绸，当然首先穿在了贵族女子的身上。秦汉时期，女子深衣款式和周朝时差不多，只是衣襟绕襟层数又有所增加，腰身裹紧，下摆宽大，衣襟尖角处缝一根带子系在腰臀部。

袿衣是深衣的一种，也是女子的常服，衣襟下摆如两个尖角垂于两侧，如同燕子的尾巴。

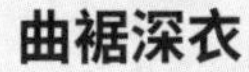

曲裾深衣　　袿衣　　襦裙

襦裙是汉代女子常见的服装。襦是上身穿的短衣，下身要穿裙，合称襦裙，是一种上衣下裳、上下分离的服饰。汉朝女子的裙子一般上窄下宽，由四幅素绢缝合而成，用绢条做裙腰，两端有系带。绢是一种丝绸，绢做的襦裙比麻布做的深衣更加美观，襦裙的流行说明了丝绸面料在逐渐普及。

陌上桑（节选）

[东汉] 佚名

罗敷喜蚕桑，采桑城南隅。
青丝为笼系，桂枝为笼钩。
头上倭堕髻，耳中明月珠。
缃绮为下裙，紫绮为上襦。

这首著名的乐府诗描述了一名采桑的美女秦罗敷，穿着紫色的上衣（襦），黄色的下裙，还梳着时髦的堕马髻。

除了绢，还有一种素纱，一般做成很薄的袍子，称为“禅衣”，作为外袍里面的“打底衫”来穿，或夏天在家时穿。这样的素纱薄而透气，深受贵族男女的欢迎。

襦裙

汉朝贵族女子的头饰繁多华丽，有笄、珈、步摇、簪等，而平民女子则和男子一样以头巾裹发。

汉朝人的鞋子上也有纹绣、彩画、丝带等装饰物。

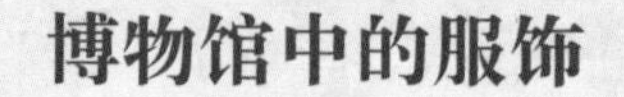

博物馆中的服饰

西汉素纱禅衣
湖南省博物馆藏

西汉金步摇
甘肃省文物考古研究所藏

纨绔子弟与平头百姓

秦朝时，规定男子礼服为全黑色的深衣，叫“袀（jūn）玄”。汉朝一开始沿用袀玄，后来又把继承自周朝的冕服改为礼服。

秦汉时期，男子穿得最多的是袍。袍和深衣的最大区别是，袍的上下衣是一整块布裁成的，中间没有接缝，深衣是上衣、下裳分开制作，但缝在一起。

袀玄

袍和深衣一样，根据下摆是否绕襟，分为曲裾和直裾两种。曲裾袍和曲裾深衣类似，西汉时男子常穿曲裾袍，到东汉时男子多穿直裾袍。

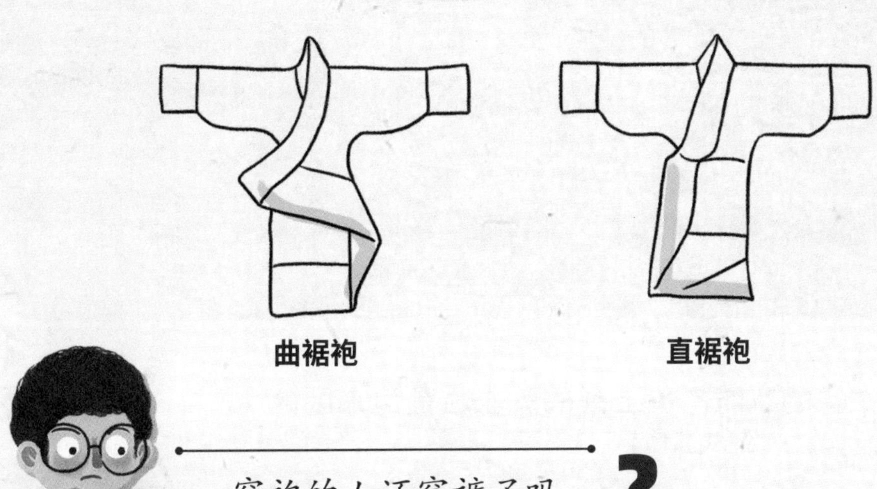

曲裾袍　　直裾袍

穿袍的人还穿裤子吗？

穿袍时，下身要穿“绔”，也就是裤。这时候的裤子和我们现在的裤子不一样，就是两个裤管套在小腿上，叫“胫（jìng）衣”。后来加长到能套住整条腿，再后来吸收了胡服的特色才形成了现在样式的裤子，叫“裈（kūn）”。

平民男子一般把裤腿卷起或扎裹腿，也有穿短裤的，短裤因为像牛鼻子，所以叫“犊鼻裈”。这样的装束适合劳动。

博物馆中的服饰

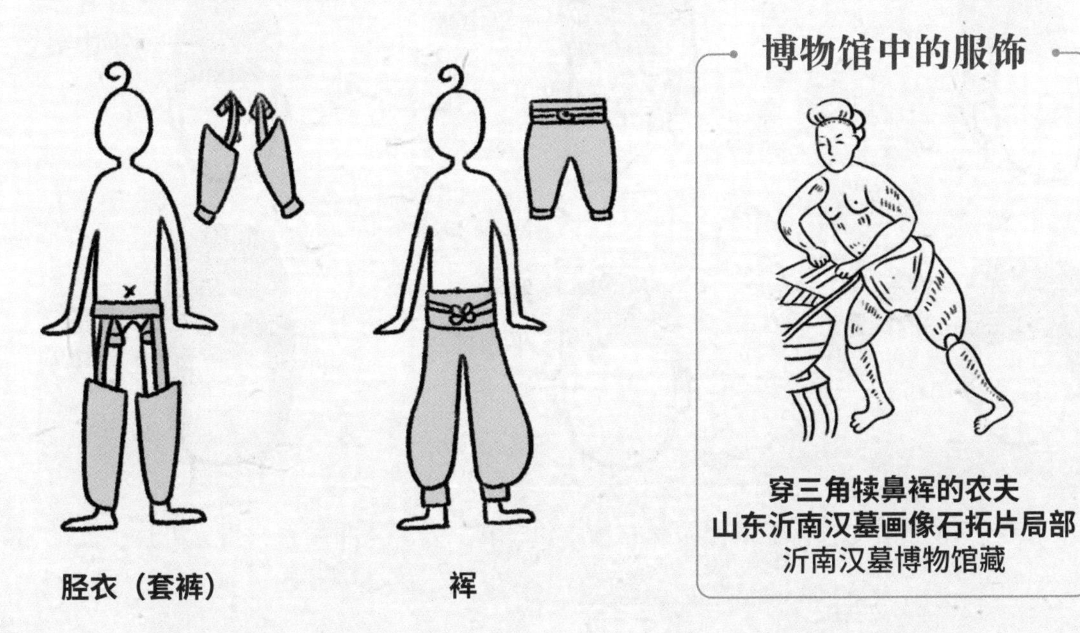

胫衣（套裤）

裈

穿三角犊鼻裈的农夫
山东沂南汉墓画像石拓片局部
沂南汉墓博物馆藏

原来如此

纨绔子弟

如果有钱人家的孩子不务正业，整天只知道吃喝玩乐，人们就会说他是“纨绔子弟”。“纨绔”这两个字难读又难写，是什么意思呢？有人说成“执挎”，还有人写成“玩酷”，都大错特错了。纨是细绢，绔是裤子，只有富贵人家才能穿得起这种细绢做成的裤子，因此“纨绔子弟”就用来专指富贵人家的子弟。随着历史的发展，这个词慢慢专指生活浮夸、虚度光阴的富家子弟，也反映了中国人相信不管出身如何，都尊重勤奋劳作、创造价值的人的朴素价值观。

除了身上穿的衣服，头上戴的头衣也是用来区分阶层的明显标志。

长冠

长冠相传是汉高祖刘邦发明的，所以也叫“高祖冠”“刘氏冠”，是贵族祭祀时戴的，平时宦官、侍者也戴。

武冠原是胡人的冠帽，后来成为武将的冠帽。武冠加上貂尾作为装饰，就叫“惠文冠”；加上鹖（hé）尾作为装饰，就叫“鹖冠”。武冠下要戴平巾帻（zé），平巾帻是平顶的头巾。

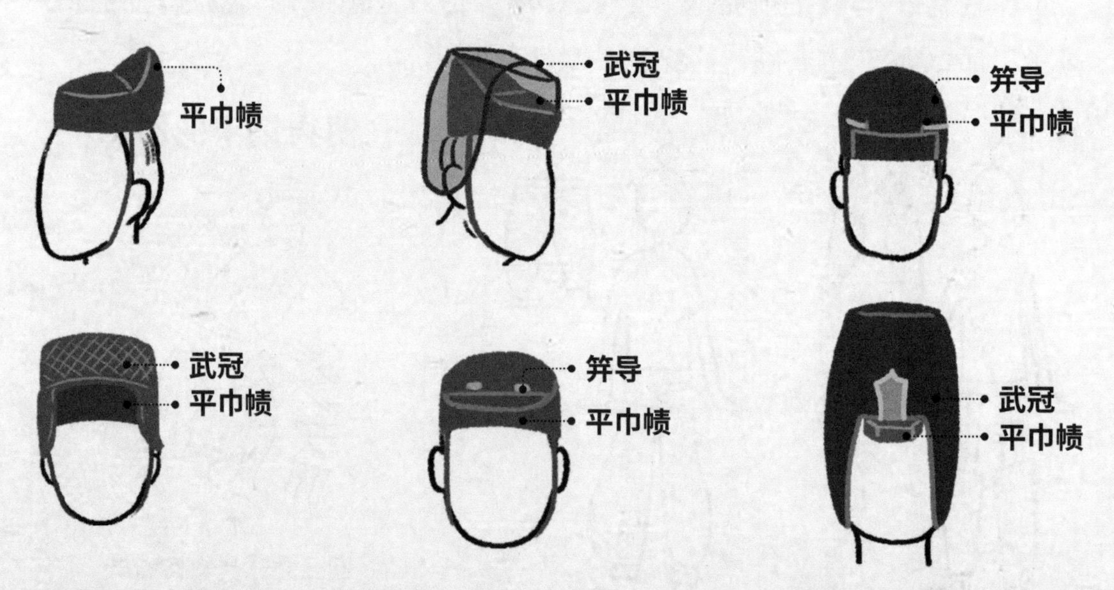

笄导，也叫簪导，一种扁平条状首饰，用来把头发导入巾帻内，用完可插于发际作装饰。

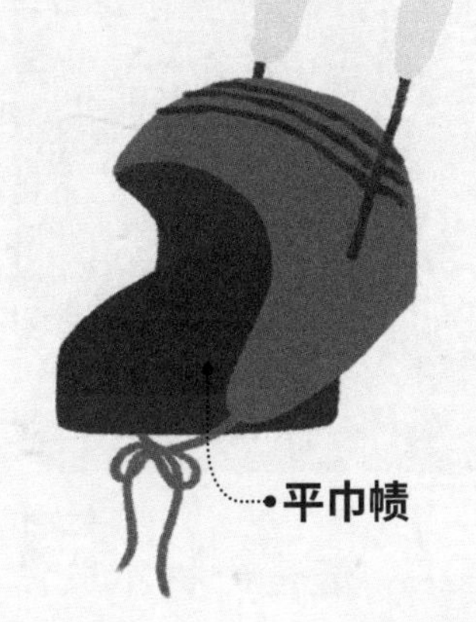

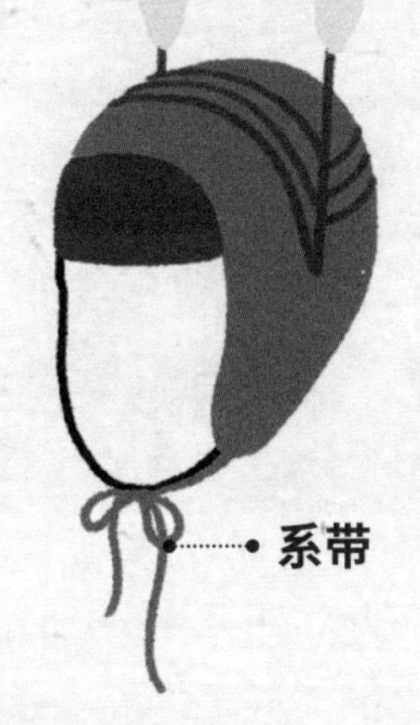

鹖冠和平巾帻

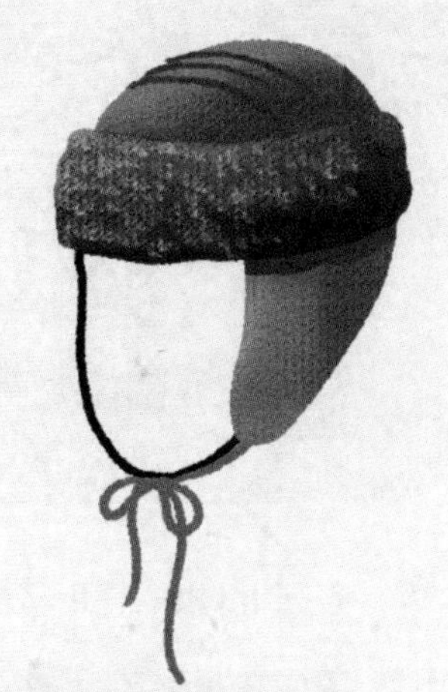

惠文冠想象复原图

梁冠也叫“进贤冠”，是文官戴的冠帽，根据梁的数量不同可以分为一梁冠至八梁冠。梁冠下要戴介帻，介帻是尖顶状如屋顶的头巾。

法冠是执法官的冠帽，也叫獬豸（xiè zhì）冠。獬豸是一种神兽，长着一个角，能判断是非曲直，是法官的象征。

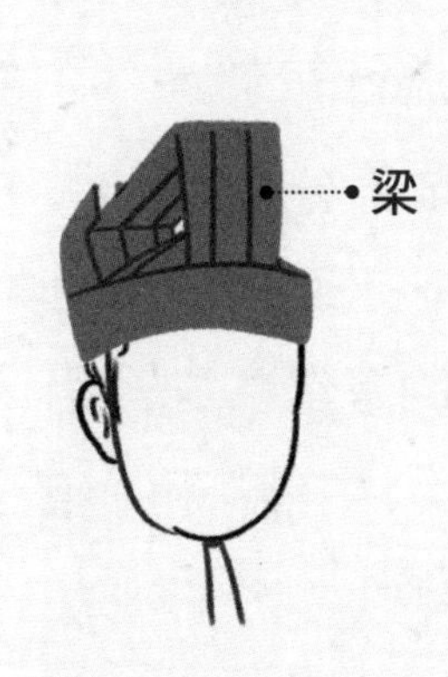

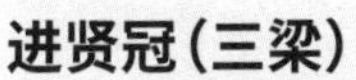

进贤冠(三梁)

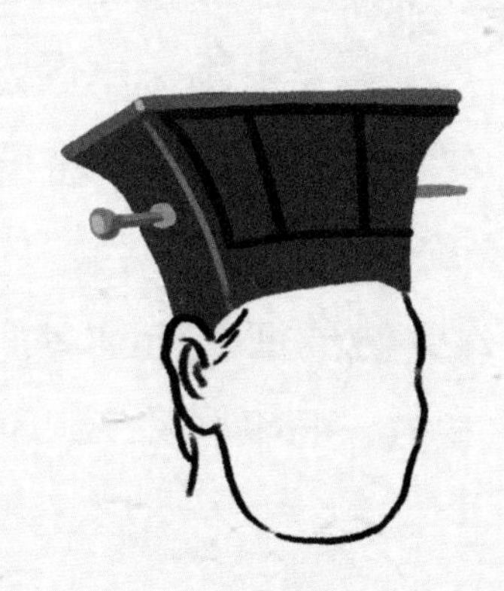

獬豸冠

幅巾

帻这种头巾是怎么出现的呢？据说曾经短暂篡位的王莽脱发秃顶，他担心别人看出来，因此就先用头巾把头包住，再戴冠，这样别人就看不出来他有没有头发了。贵族官员的冠下戴帻，普通百姓则单独戴帻，不戴冠。除了帻，还有幅巾等头巾。

原来如此

平头百姓

比起“布衣”这样稍微文雅的说法，“平头百姓”显得更加口语化，意指不是官员，不是贵族，无权无势的普通人。平头百姓的意思是剃了平头的百姓吗？当然不是。汉代流行起男人的头巾，在汉后期出现了一种“平头小样巾”，一般是穷苦劳动者或仆役才戴的。所谓“平头”就是小样巾样式是与头齐平的，而官员和贵族的头巾样式则常常是高高的。因此，平头巾就成了平民的象征，逐渐演变出了“平头百姓”这样的叫法。

秦汉时期，男子有一种新型的鞋子——木屐（jī），这是一种木头做的鞋子，用绳子或带子作为系带，鞋底下有两个齿，适合在泥地和有水的地方行走。因为木屐比其他鞋便宜，所以老百姓经常穿木屐，有的贵族和官员也爱穿。贵族女子出嫁时穿的木屐，涂有漆画作为装饰，系带也是五彩的。后来木屐传到了日本，当地气候潮湿多雨，木屐迅速流行开来。

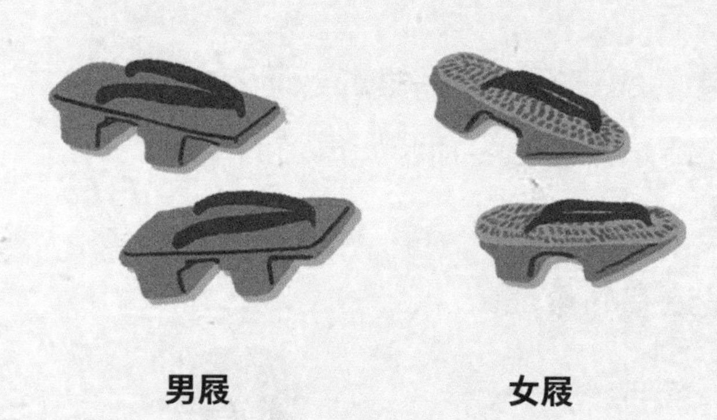

男屐　　女屐

佩饰依然是秦汉时期王公、贵族、官员服饰的重要组成部分。周朝时，人们在玉饰上系具有装饰作用的彩色丝带，称为“绶”。汉朝规定官员必须在官印上系“组绶”，作为身份象征，而且有严格的等级规定，由低到高，分别是金印紫绶、银印青绶、铜印黑绶、铜印黄绶。“绶”和“组绶”是现代“绶带”的前身。

中国人自古就喜欢玉，美丽的石头都可以叫玉，因此玉有很多不同的颜色、材质，比如和田玉、蓝田玉、翡翠。孔子说：“君子比德于玉。”意思是君子的德操可以同美玉相比，因此男子佩玉成了一种传统，仿佛佩戴上玉饰就可以证明自己是君子了。

周朝的贵族男子戴“组佩”，也就是多种饰物组合成套的佩饰，包括玉珩、玉璧、玉璜、玉管、玉冲牙、玻璃珠等，有的挂在脖子上，有的系于腰间。秦末，这一传统式微，到西汉仍有部分保留。东汉时，恢复此传统，称为“大佩”，由白玉质地的玉冲牙、玉瑀、玉璜等组成，系于腰间。再后来，组佩、大佩逐渐简化为男子佩戴在腰间的玉佩。

女子喜欢在头上插玉钗，耳朵上挂玉坠，手腕上戴玉环。

玉除了装饰作用，还有礼仪作用，比如古人在祭祀和典礼时会使用玉做的礼器，又比如男子的玉佩和女子的禁步，都在提醒佩戴者要缓步慢行，这样玉佩会发出有节奏的美妙声音，而要是走得急匆匆，仪态不端庄，玉饰就会碰撞出嘈杂难听的声音，以示提醒啦。

博物馆中的服饰

佩绶陶俑
徐州博物馆藏

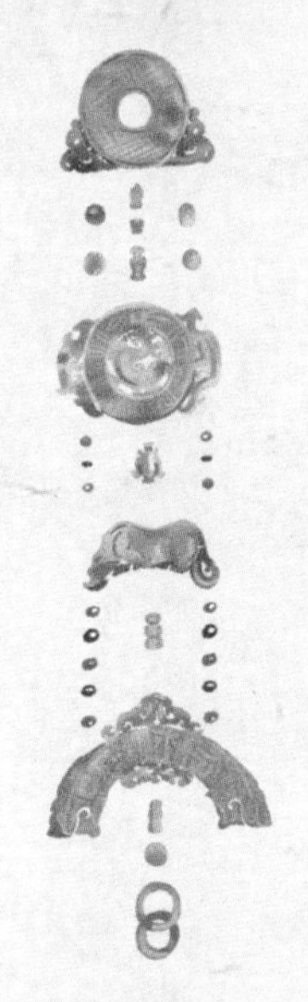

与东汉大佩很接近的西汉组佩
西汉南越王博物馆藏

穿越时空的玉佩：这样的玉佩戴在女子身上叫禁步，到1000多年后的明朝才出现。

历史放大镜　汉宫春晓图（局部）

《汉宫春晓图》是明代画家仇英的作品，他以细腻生动的笔触，表现了汉代宫廷里的日常生活。可惜的是仇英作为一个明代人，对于人物的服饰只能结合自己的生活阅历去想象，画中人物的服饰多来自唐、宋、明等时期。请你结合本书中的内容，找一找哪些人物的穿戴明显不符合汉代服饰特色呢？找出 5 处即可。

（答案见本书第 110~111 页）

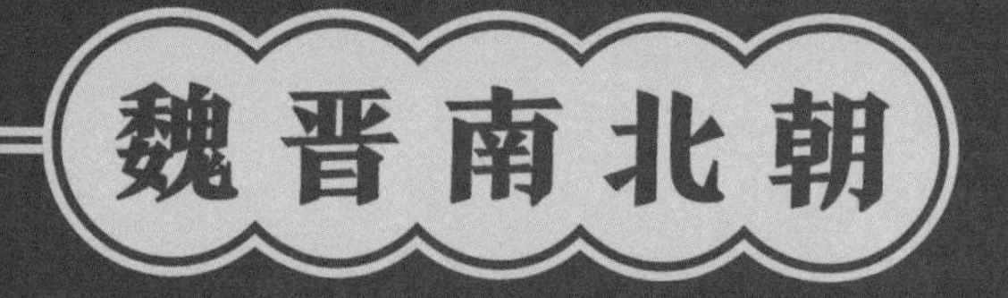

衣带渐宽真好看

东汉灭亡后，中国进入了一个长期动乱分裂的时期，即“魏晋南北朝”。这一时期战乱频繁，各民族大规模迁徙、交流和融合，使得各民族服装也出现了融合的趋势。同时名士文化、外来文化、外国元素等也影响了服饰的发展。

这比白色的婚纱漂亮多了！红色象征喜庆，结婚用的中式礼服都是红色的。

新娘子穿一身红色的中式礼服，真漂亮！

以其他朝代人的眼光来看，魏晋南北朝时期，人们的服饰有些怪怪的。生活在1000多年前的他们，跟现在的我们有一点是很相似的，就是主张穿衣要彰显个性。
今天，我们在戏剧中常常看到文武双全的潇洒谋士，穿着宽大的长衫，拿着一柄羽毛扇。这样的形象，来源于魏晋南北朝时期男子的真实穿戴。那时候的女子，喜欢把五彩缤纷的布料做成裙子，就像把彩旗围在身上，那时还发展出了各种各样精巧的发型。直到今天，我们的时装中，还有那样的裙子款式，长头发的女孩子所梳的盘发发型，也有那时的影子。
倒也不能完全这么说。在我们这个时期，非常流行在婚礼上穿白色礼服。
不过，新郎是一身白，新娘子身上还会搭配其他色彩。

男装宽大洒脱

魏晋南北朝时期，男子以穿衫为时尚。衫类似袍，也是上下一体，不过袍有祛且袖较窄，衫则是宽大的敞袖，也称“大袖衫”。衫不仅是常服，也是礼服，如白衫可以作为婚礼的礼服。衫的面料一般是纱、绢或布，有单衫和夹衫之分。

大袖衫　　曲裾袍

藏在服饰里的成语

【褒衣博带】

也叫褒衣宽带、宽衣大带，指穿着宽袍、系着大腰带，代指古代儒生的服装。

这一时期，服装逐渐趋向宽大，男子都以宽衣大袖为时尚，比如衫的袖子就做得很大。除了大袖衫，男子仍然穿袍、裤、襦、裙等服装。

魏晋南北朝的古人流行穿一种内衣，男女都可以穿。这种内衣由前后两片布缝成，一片遮住胸腹，一片遮住背，又缝了两根背带，叫作“裲裆”或“两当”，样式和今天的背心、背带裙很像。后来，人们也

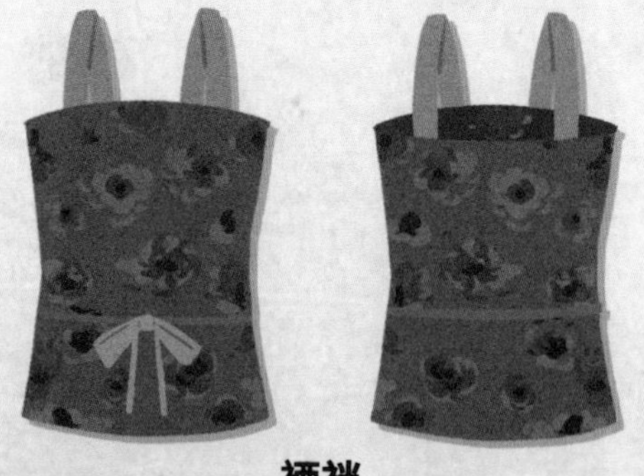

裲裆

把裲裆作为外衣来穿，称为“裲裆衫”，可以单独穿或者罩在内衣、中衣上面。

由于战争需要和民族融合，男子下装明显受到胡服的影响，以“裤褶”最为常见。“裤褶”是一种上衣下裤的服装，上身为对襟或左衽的衣物，下身为裤子，腰间束带，可以作为常服或军服。后来又把下身裤子加大，这样看起来类似汉族传统服装的裙或袍。裤子加大后行动不便，必要时还要把裤管膝盖以下部位扎起来，称为“缚裤”。

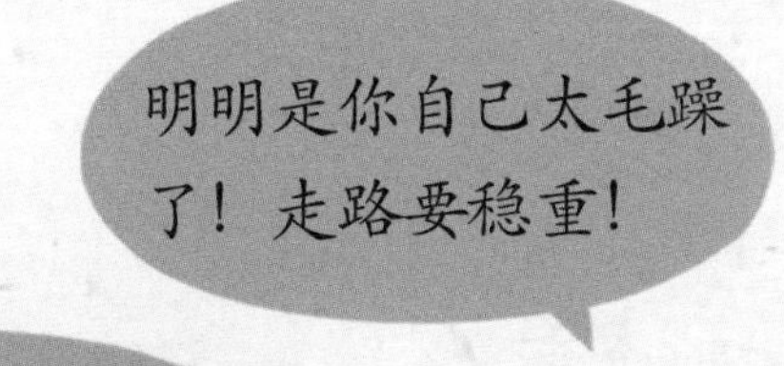

下身是缚裤

这一时期男子戴的冠、巾、帽和汉朝时期相比，有一定变化。

“小冠”是一种很小的冠，不分等级，谁都可以戴；“漆纱笼冠”集合了冠和巾的特点，是一种高高的半透明的黑纱冠。

“纶巾”是以青色丝带编成的幅巾，相传诸葛亮在军中常戴纶巾，也称“诸葛巾”。

小冠

纶（guān）巾

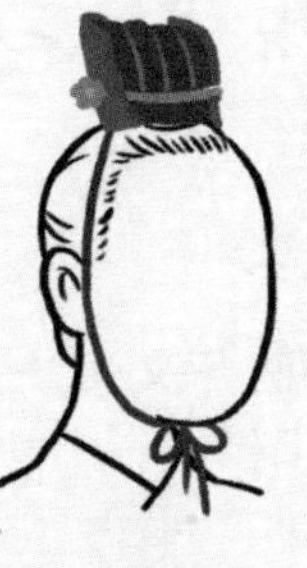
漆纱笼冠

藏在服饰里的成语

【羽扇纶巾】

意思是拿着羽毛扇子，戴着纶巾，形容态度从容。古代文学里的诸葛亮羽扇纶巾的形象深入人心。不过，羽扇纶巾是宋代文学家苏轼形容诸葛亮的对手周瑜的。

念奴娇·赤壁怀古

[宋] 苏轼

大江东去，浪淘尽，千古风流人物。
故垒西边，人道是，三国周郎赤壁。
乱石穿空，惊涛拍岸，卷起千堆雪。
江山如画，一时多少豪杰。

遥想公瑾当年，小乔初嫁了，雄姿英发。
羽扇纶巾，谈笑间，樯橹灰飞烟灭。
故国神游，多情应笑我，早生华发。
人生如梦，一尊还酹 (lèi) 江月。

博物馆中的服饰

《历代帝王图》中戴白纱帽的陈文帝
美国波士顿美术博物馆藏

帽在南朝以后开始流行。“白纱帽”，也叫“白纱高屋帽”，是一种高顶的没有帽檐的帽子，在宴会等正式场合戴；“大帽”，也叫“大裁帽”，是一种有帽檐、可以插装饰物的帽子，一般用来遮阳挡风；“黑帽”是仪仗队戴的帽子。

魏晋南北朝时期，男子的鞋子相比之前变化不大，正式场合穿履，平时可以穿屐。晋朝的木屐男女有别，男士木屐是方形的鞋底，女士木屐是圆形鞋底。南北朝时的谢灵运发明了一种“谢公屐”，前后齿都可以拆下，上山的时候拆掉前齿，下山的时候拆掉后齿，很适合登山，所以也叫“登山屐”。

高齿帛面木屐

女装“彩旗”飘飘

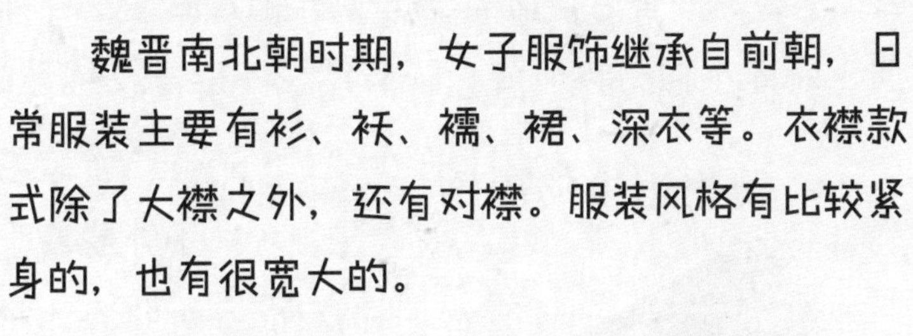

魏晋南北朝时期，女子服饰继承自前朝，日常服装主要有衫、袄、襦、裙、深衣等。衣襟款式除了大襟之外，还有对襟。服装风格有比较紧身的，也有很宽大的。

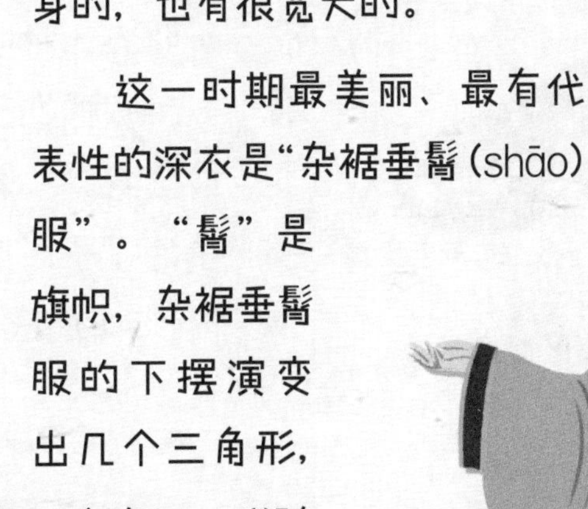

穿对襟衫和长裙的女子

这一时期最美丽、最有代表性的深衣是“杂裾垂髾（shāo）服”。“髾”是旗帜，杂裾垂髾服的下摆演变出几个三角形，绕在下身层层叠叠，可以像旗帜一样随风招展。还有名为“襳（xiān）”的长带，也能随风飘起。

女子有时还会在外衣的腰间围上围裳或抱腰（腰采），再束上丝带，在颈肩处披上帔（类似围巾），帔在领前相交下垂。

穿杂裾垂髾服和围裳的女子

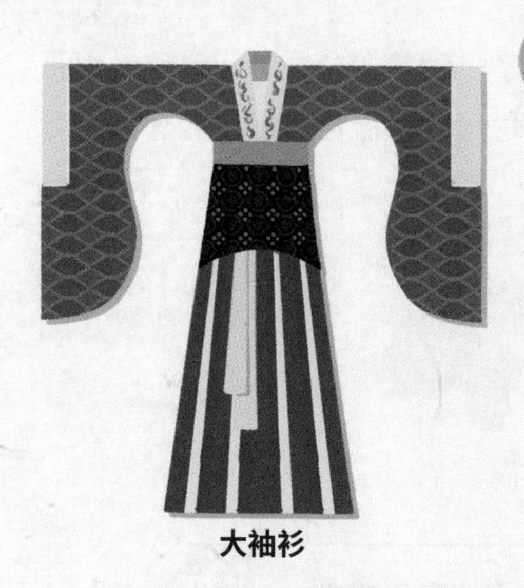

大袖衫

女子的鞋履式样在这一时期变得更加华丽多样，光是鞋头就有凤头、聚云、五朵、重台、笏头、鸩（zhèn）头等多种样式。鞋的材质有丝、锦、皮、麻等不同材料，鞋上还有绣花、嵌珠、描色的装饰。

博物馆中的服饰

东晋五彩锦履
新疆维吾尔自治区博物馆藏

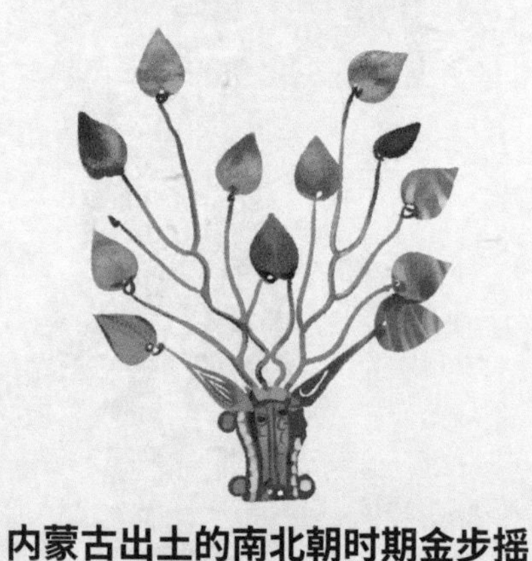

内蒙古出土的南北朝时期金步摇
中国国家博物馆藏

古装影视剧中常出现女孩的帽子外戴着长长的纱巾挡住脸，这源于北齐一种叫“幂篱”的女帽，是一种宽檐的笠帽，有黑纱遮蔽面部或全身。“幂篱”原为西北地方男子的帽子，后来成为女帽，有遮挡风沙和防止外人窥视的效果。

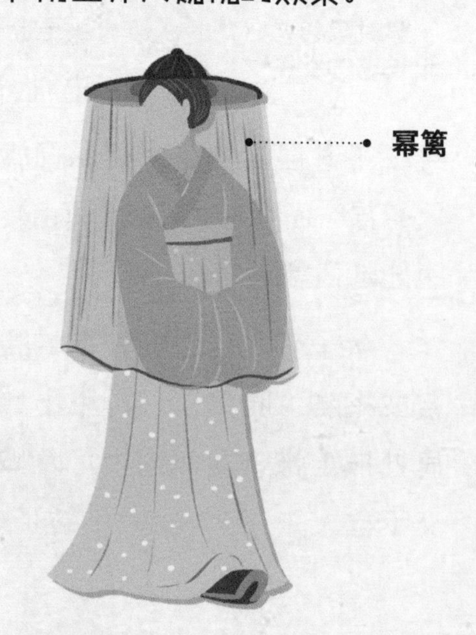

女子首饰此时更加富丽华贵，由于首饰太多太讲究，女子甚至用假发来把头发梳成高高的“蔽髻”，再绾成单环、双环和丫髻、螺髻等样式，上面插着各种首饰。这一时期的首饰，有戴在头上的金爵钗、玳瑁钗、金步摇，戴在耳朵上的明月珰（dāng），戴在手上的金环、珠环，佩在手肘后的香囊，佩在腰间的翠琅玕（gān）等。

魏晋南北朝时期，有众多的女子潮流发型，你能把这些发髻样式跟它们的名称一一对应吗？（答案见本书第 111 页）

灵蛇髻　飞天髻　高髻垂髾　惊鹤髻　不聊生髻　螺髻　撷子髻　十字髻

这种在头上梳一对左右对称的环形发髻，叫作“丫鬟”。梳这种发型的一般是富贵人家的女仆，而贵妇和小姐是不这样梳头的。久而久之，丫鬟成了大户人家年轻女仆的专属“职称”。

原来如此

丫头

年轻女孩子有时候会被人称为“丫头”，这个词就来源于古代年少女孩梳的“丫髻”（也叫“丫鬟”）。丫，看形态就知道，最早指树枝分杈，“枝丫”的意思。在古代只有十几岁的女孩子（多为婢女）才会这样把头发梳成对称的发髻，像枝丫一样，这种枝丫形的头发就叫“丫头”，因此，丫头就演变成了对婢女或者对年少女孩的称呼。到了今天，一般是父母对女儿的爱称，一声“丫头”透着亲昵。

隋唐五代

多彩开放的大时代

隋朝结束了南北朝的分裂局面，之后唐朝取代了隋朝。唐朝和汉朝一样，是中国历史上非常强盛的时期，唐朝的疆域辽阔、经济繁荣、文化昌盛，在当时的世界上有很高的声誉，至今国外把中国人聚居的地方称为“唐人街”。唐朝统治中国约 300 年后灭亡，后梁、后唐、后晋、后汉、后周五代王朝先后建立，同时还有十几个小国先后存在于中国各地，这一时期便被称为“五代十国”。

唐朝的开放与包容，使这个时期的服饰吸收了多种多样的元素，形成了很多新的风潮。那时候的女子发现女扮男装很利落，直到今天，女扮男装都是装扮风格之一；那时候的男子发现圆领的衣服穿起来非常方便，于是穿起了圆领袍衫，这种款式一直流传到现代，在今天的很多服装上仍然能看到它的影子。此外，隋唐服饰中的披帛也流传至今，成为很多女士礼服和舞蹈服的点睛之笔。我们的语言中，也保留着源自此时的词语——金龟婿、黄花闺女……仿佛隋唐文化就穿在我们的身上从未离开。

大有来头的“金龟婿”

隋唐五代时期，丝织业有了很大进步，全国各地都能生产丝织品，产量质量都很高。同时，唐朝的丝绸之路上川流不息，带来了国外的服饰文化，唐朝加以吸收，与自身的服饰文化相融合，所以这一时期的服饰百花齐放，以新奇、博大、鲜艳、华丽著称，出现了很多经典款式。

头戴幞头、身穿黄色龙纹圆领袍衫的唐太宗李世民

唐朝的红地花鸟纹锦

这一时期，男子普遍穿圆领袍衫。圆领袍衫是在前朝袍和衫的基础上，在其他民族服装影响下而出现的衣服款式。其特点是圆领右衽，领子、袖子、衣襟边缘有边。圆领袍衫的款式多样，袖子有宽有窄，下摆有的及地，有的只到膝下。

唐朝对圆领袍衫的颜色做了规定，黄色开始成为天子专用的颜色。同时，还规定了各级官员的袍衫颜色。

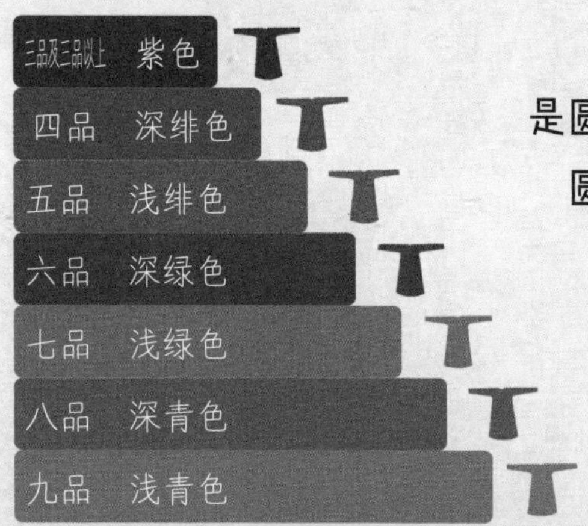

以现代色彩模拟古代官服色彩等级

如果一名官员穿青色的衣服，那么他不是八品就是九品。我们听过“九品芝麻官”这个说法，知道这是一个等级非常低的职位。大诗人白居易在《琵琶行》里写“江州司马青衫湿”，你就知道江州司马只是个芝麻官了。如果你在唐朝的大街上遇到一名男子，通过服装的颜色就可以快速判断出他是几品官员，或者是平民百姓。当然，有点儿经济基础的人，可以根据自己的喜好来搭配一番，据说大诗人李白喜欢穿白袍，想必十分潇洒帅气。

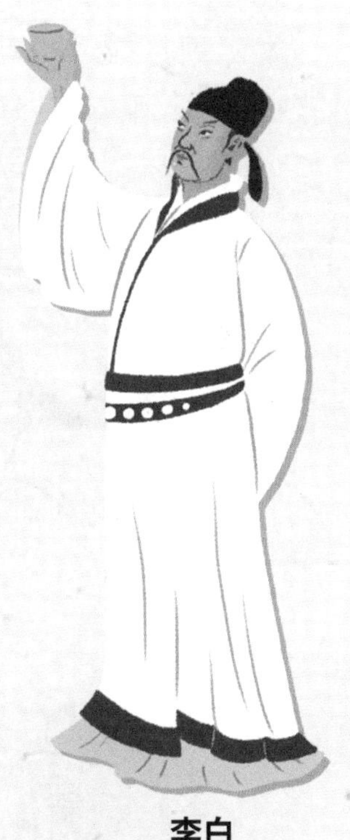

李白

平民的服装不像官员那么华贵，衣服普遍是麻布或粗毛布面料，颜色一般是原色，总体较窄较短。

像开衩较高的“缺胯衫”就是百姓常穿的服装，和圆领袍衫相比，缺胯衫下部有开衩，所以显得好像胯部是缺失的，因此才叫这个名字，这种衣服非常方便干活儿。

幞头是这一时期男子最常见的巾帽，有了幞头之后，其他冠帽就很少见了。最简单的幞头就是一块布裹着头发，后来又把幞头变成固定形状，这样就不用每次戴上去都重新包裹系扎。

富人的圆领袍衫

平民的缺胯衫

幞头下有两根带子叫"脚"。脚软可以自然垂下或插入巾内的，被称为软脚幞头；脚硬挺有弹性的，是硬脚幞头。此外还有展脚幞头、翘脚幞头、无脚幞头、顺风幞头等多种样式。

晚唐五代各种幞头

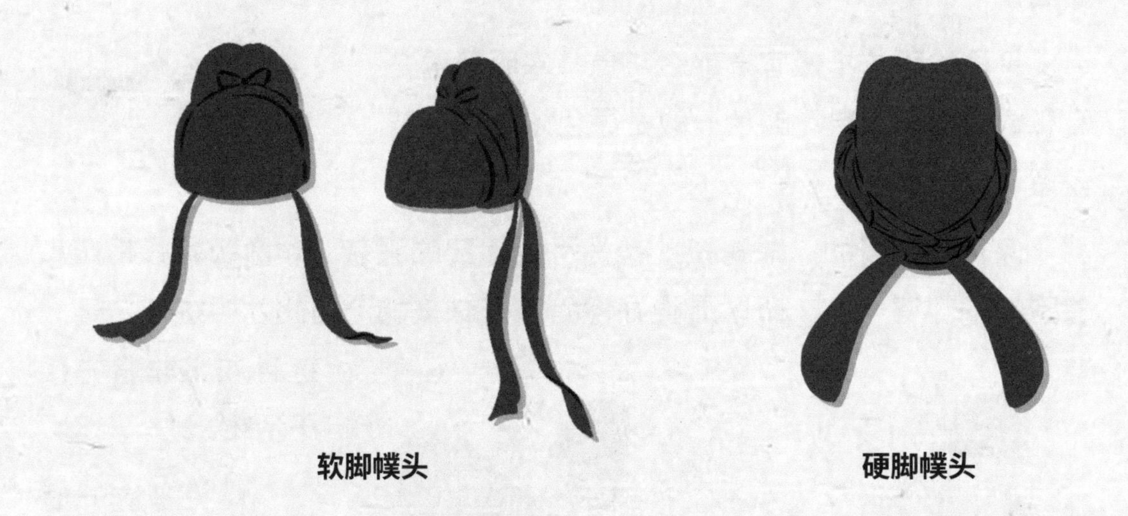

软脚幞头　　硬脚幞头

唐朝时不仅规定了不同等级官员的袍衫颜色，也规定了其官服腰带上的饰品"带銙（kuǎ）"的材质和数量。

品级	一品 二品 三品	四品	五品	六品	七品	八品	九品
带銙材质	金	金	金	银	银	鍮(tōu)石	鍮石
带銙数量	13	11	10	9	9	9	9

除了带銙，还有鱼袋、龟袋作为象征身份的佩饰，鱼袋、龟袋类似荷包，里面放有可以证明身份的鱼符或龟符。

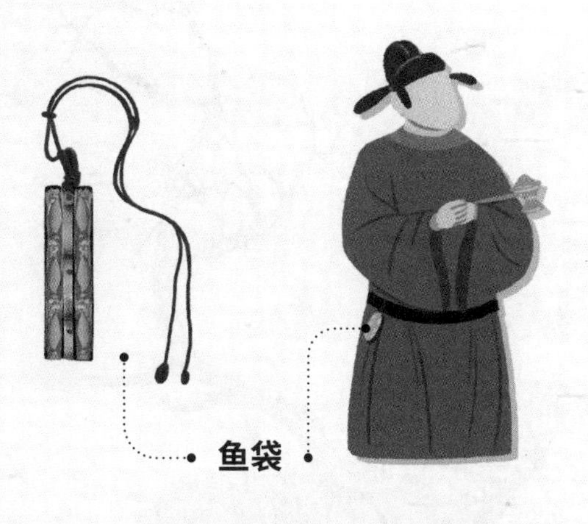

博物馆中的服饰

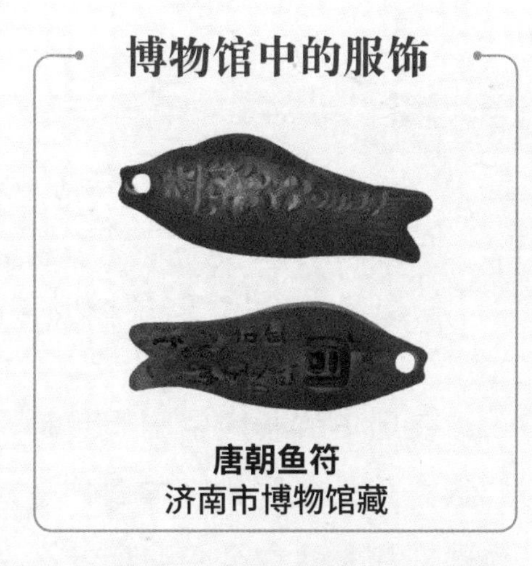

唐朝鱼符
济南市博物馆藏

原来如此

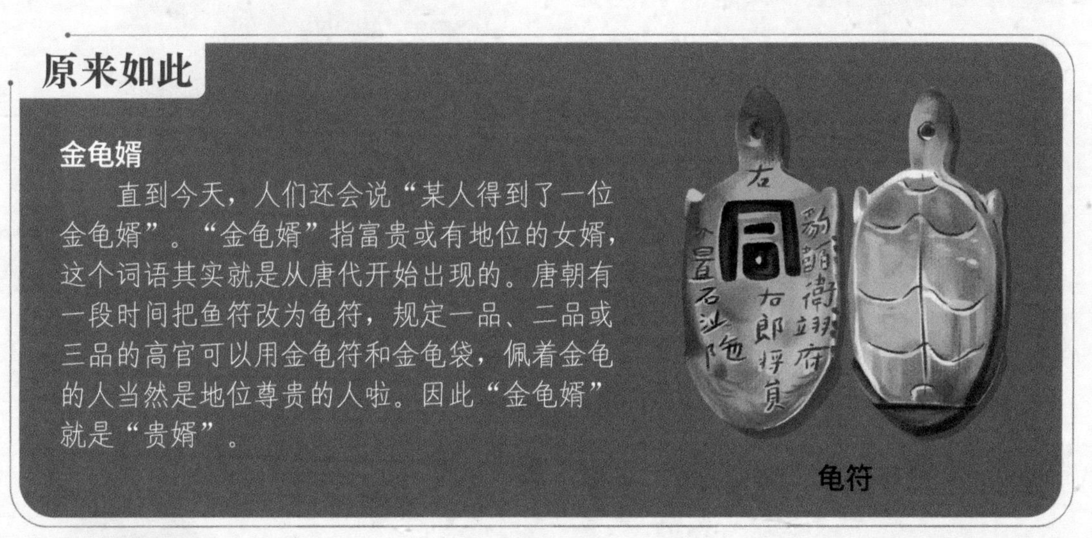

金龟婿

直到今天，人们还会说“某人得到了一位金龟婿”。“金龟婿”指富贵或有地位的女婿，这个词语其实就是从唐代开始出现的。唐朝有一段时间把鱼符改为龟符，规定一品、二品或三品的高官可以用金龟符和金龟袋，佩着金龟的人当然是地位尊贵的人啦。因此“金龟婿”就是“贵婿”。

龟符

壁画中穿乌皮靴的男子

这一时期丝履更多是在家穿，皮靴是最普遍的鞋子。比如乌皮靴，用黑色皮革缝成，穿着舒服，也方便搭配各种颜色的衣服。

在唐诗中，常常出现箬笠和蓑衣这套穿搭组合。箬笠和蓑衣不是这个时期发明的，却在唐代非常流行，它们都是下雨天时穿戴的雨具，箬笠是用竹篾和箬叶编成的帽子，蓑衣是用草或棕叶编成的外套，这些材质可以防水。

渔歌子

[唐] 张志和

西塞山前白鹭飞，桃花流水鳜鱼肥。

青箬笠，绿蓑衣，斜风细雨不须归。

明朝陆治的画作《寒江钓艇图》

在历史的长河中，服装和帽子的款式总是在变化，神奇的是箬笠和蓑衣却是从古至今没有什么变化的。在明代画家陆治所画的《寒江钓艇图》中，“孤舟蓑笠翁”穿戴的箬笠和蓑衣应该跟唐朝时候的没什么两样。今天也一样有人戴箬笠穿蓑衣，尤其是在南方乡村，你见到过吗?

女扮男装不稀奇

隋唐五代时期，尤其是唐朝时，女子的地位比前朝要高，风气也相对开放，女子服饰非常丰富多彩。

唐朝时的女子很喜欢穿男子的圆领袍衫、戴男子的幞头，这不为别的，而仅仅是为漂亮和时尚。在《虢国夫人游春图》中，虢国夫人就是一身男装打扮。

胡服也很受女子喜爱。有的女子头戴胡帽，身着紧身长袍和长裤，脚蹬皮靴，就是典型的全身胡服。

唐太宗韦贵妃墓壁画男装仕女图

帷帽

类似幂篱，是有垂网或垂丝的宽檐帽，垂网或垂丝长度一般比幂篱短。

浑脱帽

用皮、丝绸或羊毛毡做成的囊状帽子，帽顶是尖的。

其实这个时期正宗的女装是以襦裙为主的。典型的襦裙，上衣是短襦或衫，下衣是长裙，有披帛、半臂等配件，脚蹬鞋履，出门时还可以戴幂篱遮掩面容。唐代襦裙的风格非常开放多变，款式美丽大方。

大袖衫　唐朝中前期

长裙　唐朝

披帛　唐朝中晚期

唐朝各个时期的襦裙服、大袖衫样式

襦一般较短，领口有圆领、方领、斜领、直领、鸡心领等不同形制，领口开得较低。襦的袖子有宽有窄，后来宽袖款逐渐变多。

衫比襦要长，多为丝质单衣。唐朝女子的衫多为红色、浅红色、淡赭色、浅绿色等鲜艳的颜色，有的还有彩绣装饰。

裙是最普遍的下衣，一般也是丝织品面料，用绸带系扎。这时，裙腰提得很高，都到了腋下的位置，穿起来飘然若仙。

半臂一般套在襦裙外面，是类似短袖衫的上衣，袖子长度只能遮住半条手臂，所以得名。

披帛从长长的帔演变而来，是披在双臂上的飘带。

各种披帛的样式

女子的鞋多为丝履、麻履或草履，款式与男履差别不大，但有的有凤头鞋头，或者有织绣装饰。

唐朝女子发式比南北朝时更加复杂，上面装点金钗、玉饰、步摇、绢花等头饰。此外，唐朝女子还有项链等首饰，有一件隋朝贵族女孩的项链，由金珠、金环、珍珠、宝石组成，非常华丽，充满异域风情，可能是沿丝绸之路从外国传入的。

博物馆中的服饰

半臂
法门寺博物馆藏

具有鲜明外国工艺风格的嵌珍珠宝石金项链
中国国家博物馆藏

花钿

一种流行于唐朝等朝代的妇女脸上花饰，以红色为主，用金、银等制成花样，贴于脸上。形状除梅花外，还有小鸟、小鱼、小鸭等。

原来如此

黄花闺女

还没结婚的女孩子常被人称为“黄花闺女”，这个称呼可是由来已久啊！女孩子们总是想尽办法装扮自己，让自己变得漂亮，从南北朝时期就开始有人往自己的脸上贴花钿，而到了隋唐，花钿变得十分流行。花钿有各种各样的颜色和样式，而未婚的姑娘偏爱用金色或黄色的，久而久之，人们就习惯把未出阁的少女称为“黄花闺女”了。

博物馆中的服饰

《簪花仕女图》中身穿大袖衫、长裙、披帛，头戴花冠、金步摇的女子
辽宁省博物馆藏

《明皇幸蜀图》中头戴帷帽的骑马女子
台北故宫博物院藏

藏在服饰里的成语

【霓裳羽衣】

以云霓为裳，以羽毛作衣，形容女子美丽的服饰。唐代有名为《霓裳羽衣曲》的宫廷乐舞。

一个时代的兴盛与伟大，不仅要看它对世界产生了多大影响，还要看它有多么包容。盛唐如同大海，打开心胸，让各种文化元素融入，因此，这个时期的服饰才变得如此丰富多彩。

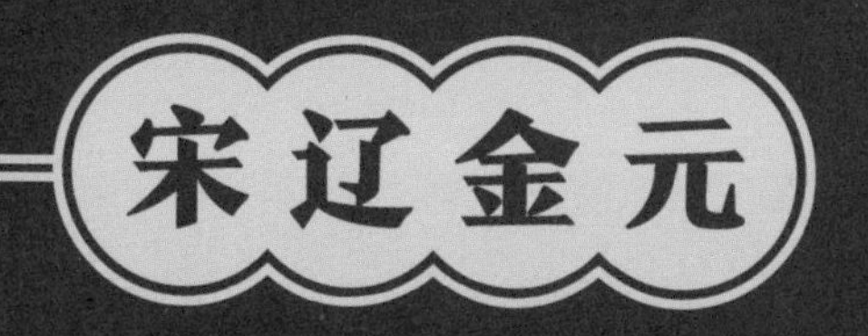

民族服饰共闪耀

宋朝结束了五代十国的分裂局面，定都汴梁（今河南开封），与北方的辽国，西北的西夏，西南的大理、吐蕃等政权同时存在，被称为北宋。后来金国兴起，灭了辽国，也占领了北宋大片领土，迫使宋朝迁往南方，称为南宋。当蒙古族建立的政权在草原上崛起后，又先后灭了西夏、金、大理、南宋，建立了元朝。

宋朝时，经济繁荣，文化昌盛，尽管丝织品的产量、质量继续提高，服装风格却逐渐趋向简洁质朴。在辽、金、元等由少数民族建立的政权中，服饰各自保留了民族的风格，但又与汉服互相影响，不同民族的服饰就像天上的繁星，交相辉映。

你知道吗，现在流传下来的汉服，在历史上那可是经过多种演变的，各民族的服饰特点早就融合进来了。

各民族的服装都这么美，真是难以取舍呀！

今天的百褶裙和开襟马甲，就是在宋朝开始流行并传承演变至今的。从宋到元，由于棉花种植的推广和棉纺织技术的大幅提高，百姓终于穿得起棉布衣服了。今天的我们，还是喜欢穿纯棉的衣物——柔软、透气、舒适，在冬天来临的时候，多半要盖上一床棉被，这是宋元时期的古人在历史深处留给我们的温暖。让我们把这温暖穿在身上，继续前进吧！

“朝服设计师”赵匡胤

戴展脚幞头、
穿绣花龙袍、
蹬黑靴的宋太祖赵匡胤

宋朝的服饰制度总体来说，继承前朝。经历了五代十国的混乱，宋朝的统治者非常希望能够在各方面恢复中华正统，在服装上也是如此，力图恢复汉唐旧制。如果你仔细看，会发现宋朝的服饰跟唐朝相比，细节处还是发生了很大变化。正如一支球队的队服会体现球队的风格，一个朝代的服饰也透露出当时的社会风气和统治阶级的想法——没错，就是统治阶级，因为宋朝很多官服上的特色都是宋太祖赵匡胤亲自“发明”“设计”的，通过这些，这位开国皇帝把自己对官员们的期望明确地表达出来。

方心曲领

宋代的很多官员在上朝的时候，脖子上都套一个白色的项圈，上面是圆弧形，下面带一个方形的吊坠——这个“项圈”叫作“方心曲领”，分为“方心”和“曲领”两个部分。

上有方心曲领的红色朝服

王安石

写出“墙角数枝梅，凌寒独自开”的王安石曾经做过宰相，他在朝堂上大概是这样的。

方心曲领的设计理念是上圆下方、天圆地方——古人认为天是圆的，如同一口大锅笼罩在方形的大地之上。在中华传统哲学思想中，最高级的处世哲学就是效法自然，方心曲领就是这种哲学思想的体现。除了效法自然之外，还有一层意思——你仔细看看，这白色的圆和方组合成的东西像什么？像不像我们在传统戏剧里所见到的，古代犯人戴的枷锁？没错，赵匡胤意在提醒各位官员，上圆代表天命，下方代表皇权，要把自己套在天命和皇权的枷锁之下，一日都不可懈怠，更不可有挣脱的想法啊。方心曲领的设计后来传入日本、高丽等地，成了这些国家和地区的传统服饰。

男人簪花

女孩子把鲜花戴在头上很常见，如果你到了宋朝，会发现很多男子也喜欢在头上戴花。宋朝时期，社会充满了文艺气息，文人雅士，甚至高层官员会把簪花当作一件雅事。据说在一场文人的聚会中，四个大男人都戴了牡丹花，最后四个人全都当了宰相，这就是“四相簪花”的故事。看到男人簪花能带来好运气，于是带动了百姓纷纷效仿，就连走街串巷的货郎都会头戴鲜花。《水浒传》里武艺高强的阮小五出场时也“鬓边插朵石榴花”呢。

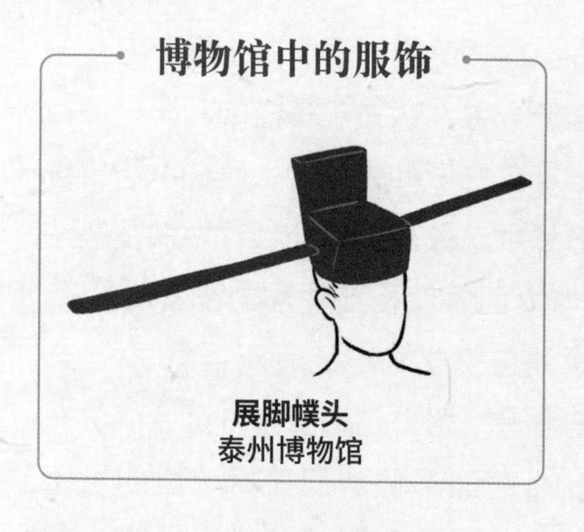

展脚幞头
泰州博物馆

展脚幞头

如果说方心曲领的设计蕴含着良苦用心和深邃的设计理念，那么赵匡胤的另一项设计就显得非常实用了，那就是——展脚幞头。在隋唐五代，我们看到了各种各样的幞头，起初，幞头这种头衣并不是某个阶级的专属，例如唐朝的农夫常常戴着两脚向上翘的“交脚幞头”。到了宋朝，幞头已经变成了官员的专属，成了实实在在的“乌纱帽”。前朝的幞头样式并不难看，但上朝的时候，官员们自己在底下嘀嘀咕咕开小会，令皇帝很不高兴，于是赵匡胤再次出手，设计出了这种宋朝制式官帽——展脚幞头。这样，两名官员之间的距离至少有一米远，想说悄悄话就得费力扭头啦。

宋朝官员朝服的颜色与唐朝一样，遵循等级之分，三品以上官员穿紫色朝服，四品、五品穿朱色朝服，六品、七品穿绿色朝服，八品、九品穿青色朝服。

神童诗（节选）

[宋] 汪洙

天子重英豪，文章教尔曹。万般皆下品，惟有读书高。

少小须勤学，文章可立身。满朝朱紫贵，尽是读书人。

穿朱、紫两色朝服的，是五品以上的官员，因此人们常常用“朱紫”这个词来指代达官显贵。这首诗中说的“满朝朱紫贵，尽是读书人”，还透露出另外一个历史信息：在宋朝，朝廷重文轻武，文官出身的，比武将出身的更容易得到升迁。在朝堂上，五品以上的官员，大部分都是文人出身。

藏在服饰里的成语

【衣紫腰金】

身穿紫色衣服，腰上佩戴金鱼袋，这是唐宋大官的装束，这个词也指人当上了大官。

那么，皇帝穿什么颜色呢

皇帝穿黄色——请注意，历史上，皇袍并不等同于黄袍。用明黄色做皇袍是从唐高宗时期开始的，直到宋朝，黄色才正式被规定为皇家专属，百姓和官员从此就不能碰这个颜色了。

讲完了皇帝和官员，再看百姓的穿戴。

宋代襕（lán）衫由唐代圆领袍衫发展而来，最大的特点是上下衣一体，在下摆有横襕，象征上衣下裳的旧制。襕衫一般为圆领或交领长衫，腰间束带，多作为燕服（日常闲居时穿的衣服），也是文人、低级官吏常穿的衣服。没有横襕的同类长衫，叫“直身”或“直缀”。

体力劳动者的服装依然有短窄的特点，普遍衣长不过膝盖，脚下是麻鞋、草鞋。和尚、道士、衙役、士兵都有各自专属的服装。此外，不同行业的人还会穿不同颜色的服装，比如酒肆女侍腰系青花布手巾，质库（当铺前身）掌柜穿皂色（黑色）的衫。

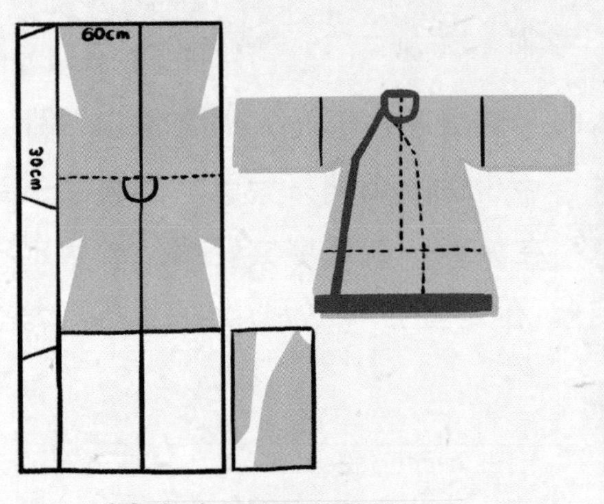

宋朝的盘领襕衫的剪裁方式

原来如此

青红皂白

我们批评一个人不讲道理，可能会说：你这个人怎么不分青红皂白呢？青、红、白都是颜色，皂难道也是颜色？没错，皂色可不是肥皂的颜色，而是黑色。皂，古代写作“阜”，最早指皂斗，是栎树和柞树的果实，可以熬煮出黑色的染料，所以皂色是黑色。

普通文人和百姓不能戴幞头。这个时期流行“幅巾”。幅巾也有多种款式，有“逍遥巾”“山谷巾”“高士巾”等。既然皇帝能当朝服设计师，那么文人雅士也可以成为衣着风向标。大文豪苏东坡的“东坡巾”，理学家程颢、程颐兄弟常戴的“程子巾”，都风靡一时，为人们所追捧。

逍遥巾据传是全真派道士所创，戴上之后显得仙风道骨，非常逍遥，因此得名。在宋朝，不仅男人常戴，女人也喜欢戴逍遥巾。

头戴东坡巾的苏东坡

常常举办文艺沙龙“雅集”。

理学家程颐

为人拘谨保守，提倡“存天理，去人欲”，他自创的幅巾款式倒是很别致。

背心和百褶裙出现了

这一时期的女子服装款式，沿袭自隋唐五代时期，有襦、衫、半臂、裙、裤等。还有一些在前朝并未流行的服装，这时候变得非常普遍，如褙（bèi）子、袄等。

宋朝时期汉族女子服饰

元朝时期汉族女子服饰

宋词中的女子服饰：

临江仙·梦后楼台高锁

[宋] 晏幾道

梦后楼台高锁，酒醒帘幕低垂。

去年春恨却来时。落花人独立，微雨燕双飞。

记得小蘋初见，两重心字罗衣。

琵琶弦上说相思。当时明月在，曾照彩云归。

词中记录了作者晏幾道初见歌女“小蘋”时的情形。心字罗衣，就是带有心字花纹的罗衣（也有人说是心形领子的罗衣）。

褙子以直领对襟为主，没有扣子，袖子有宽有窄，侧面有的开衩，衣长不等，有的下摆长到脚踝，有的只到膝盖。褙子为不同身份的女子所喜爱，有的男子在家也会穿褙子。

褙子

宋朝的“背心”和魏晋南北朝时的裲裆类似，和今天的背心一样无袖。褙子、半臂、背心的区别就在于衣袖长短。

袄是比襦要长、腰部和袖子都比较宽松的常服，大多加了棉絮或衬里，有助于御寒。

现在提起“棉袄”，就想起“大棉袄，二棉裤”，简直是最不时尚的东西。但是在宋代并非如此。棉花在唐代作为贡品传入中国，因为稀有，仅供皇室贵戚使用。唐宋时期，穿一件棉袄出门，那是又彰显个性，又能体现身份的尊贵啊。

宋朝流行的裙有“千褶裙”“旋裙”等。千褶裙也叫百褶裙，是一种褶子很多很密的裙子。旋裙是一种开衩的裙子，便于骑马。

博物馆中的服饰

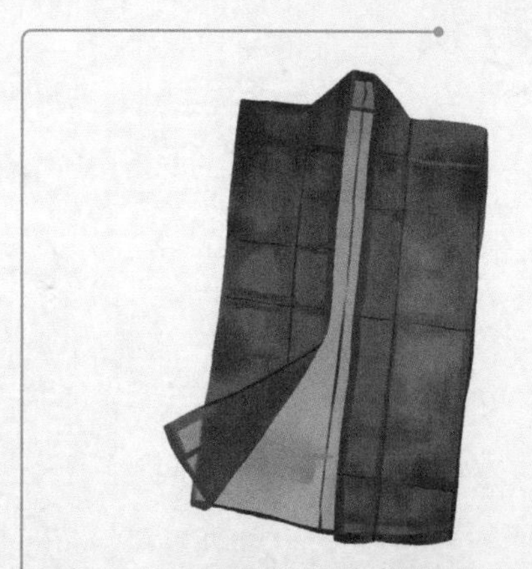

黄昇墓出土的背心
福建博物院藏

黄昇墓中出土的百褶裙
福建博物院藏

宋朝女子很多已经缠足，这是一种损害身体健康的陋习。缠足后必须穿特殊的小鞋，被称为“三寸金莲鞋”。

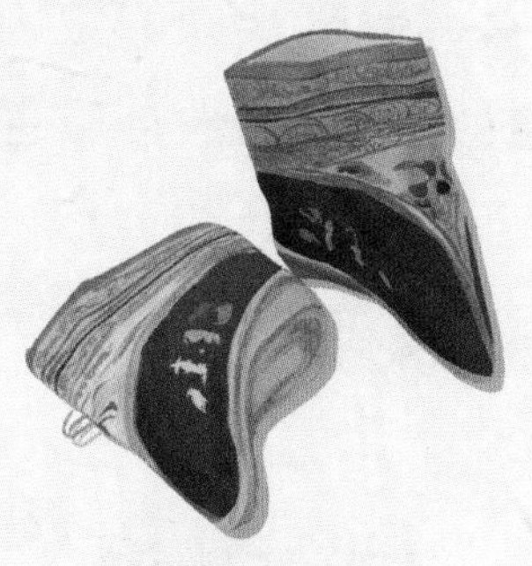

三寸金莲鞋

藏在服饰里的成语

【三寸金莲】

宋朝开始流行给女子缠足。女子进行痛苦的缠足后，成为畸形小脚，后来把这种小脚称为“三寸金莲”。中华人民共和国成立后，完全废止了缠足的陋习。

宋朝女子出门时，头上戴“薄纱巾”，也叫“盖头”，是由唐朝的帷帽简化而来，可以遮面，轻薄不遮挡视线，也可以只裹在头发上。宋朝男子也可以戴盖头，但后来盖头演变为新娘子的专用头衣。

宋朝有一种花冠，沿袭自唐朝，用绢做成的不同季节的花朵插在冠上，叫作“一年景”，还有白色花冠“试梅妆”、淡红色花冠“积娇红”等。

博物馆中的服饰

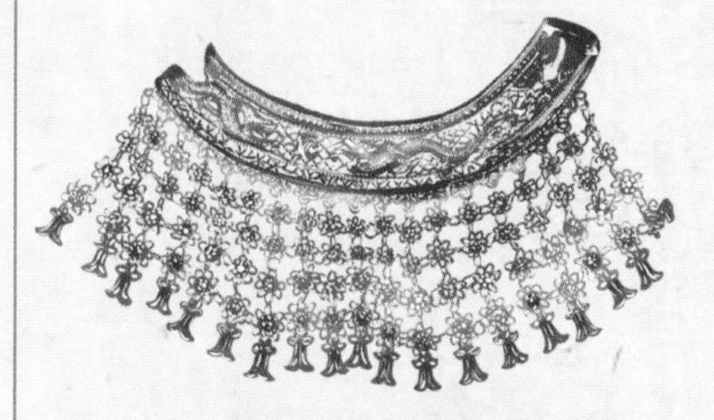

宋朝双龙戏珠镂空金梳帘
上饶市博物馆藏

佩戴梳帘的宋朝女子形象

宋朝的一年景花冠

多姿多彩的各民族服饰

与宋朝共存的，还有契丹政权建立的辽国、女真政权建立的金国，后来由蒙古政权建立的元朝攻灭了南宋政权。契丹人、女真人、蒙古人都是游牧民族，他们的服饰各有特色。

辽国服饰

辽国的服装特点是长袍、左衽、圆领、窄袖，下衣是裤子，裤腿套在靴子里。女子也穿裙，套在袍里。他们的佩饰有金银冠、玉佩、金项链、金手镯等，有的能够看出明显受到汉服文化的影响。

金国服饰

金国推崇白色的衣服，冬天穿皮裘，夏天穿丝绸，服装有袍、衫、裤、冠、靴、袜等，最典型的常服装束是皂罗若纱巾、盘领衣、吐鹘巾和乌皮靴。女子典型服装是上身穿直领左衽的团衫，有时套褙子，下身穿裙，老年妇女还会像宋人那样戴逍遥巾。

元朝时期，蒙古服饰和汉服同时存在。蒙古服饰中，男子多穿宽大的窄袖长袍，比如“辫线袍”“腰线袄子”，头部戴帽子或笠。

女子袍服是左衽窄袖的大袍，袍里穿套裤。冠帽以“罟（gǔ）罟冠”最为有名。“罟罟”是蒙古语“女子头饰”的音译，也叫“顾姑冠”“姑姑冠”，是一种用桦树皮、锦缎等材料做成的高高的帽子。

罟罟冠

元朝女子首饰的工艺很精湛，出土文物中有“金飞天头饰”“金蜻蜓头饰”等各种式样。

戴着笠帽的皇帝元成宗

博物馆中的服饰

元代金飞天头饰
美国华盛顿弗利尔馆藏

元朝的服饰发展史中，有一位非常重要的人物——黄道婆。她没有设计出什么新奇的服装款式，但是她为中国百姓穿上棉衣做出了重大贡献，因为她改进了棉纺织技术，发明了省力的轧棉机和能够同时纺三根纱的三锭脚踏式纺车。黄道婆发明的纺车比开启西方第一次工业革命的珍妮纺纱机早了四百多年，处于当时世界科技发展的最前沿。

壁画上纺纱的黄道婆形象
北京元大都城垣遗址公园

黄道婆是松江民妇，在海南岛向黎族妇女学习了棉花种植以及棉纺织技术之后，把它们带回松江，使松江地区成为元朝的棉纺织中心。棉花种植技术更加普及，棉纺织技术更加高效，更多的人能够穿得起棉布衣服以及棉袄了，因此黄道婆被称为“衣被天下”的女纺织技术家。

历史放大镜 清明上河图（局部）

宋朝的名画《清明上河图》真实地反映了当时汴梁城内外的百姓生活、街市风情，这一页图画展现了《清明上河图》的局部，让我们来看看宋朝人是如何逛街的。不过图中有3个人画错了，还多画了2个人，你能找出他们吗？根据服饰就可以判断哟。（答案见本书第110~111页）

承前启后，锦绣繁华

明朝继元朝之后建立，是一个大一统政权。虽然明朝力图恢复唐宋时期的汉服旧制，不过由于历史原因，建立辽国、金国、元朝的游牧民族的服装风格，对明朝服饰产生了一定影响。

明朝时期加强了封建专制，反映在服装上，就是再度建立了严格的服饰制度，确立了补服作为官服。同时，随着经济的发展和资本主义的萌芽，从宫廷到民间都崇尚繁华锦绣之风，服装从面料质地、色彩到图案、款式都有所创新。

说起“衣冠禽兽”，不得不提起明朝的官员服饰制度——这是明朝的服饰文化所留下的宝贵印记之一。其实，在今天的大街上、商场里，甚至在国际时装发布会上，我们都可能发现明朝服饰的影子。那时候最流行的马面裙，到了今天，仍然被人们穿在身上；那时候人们结婚的时候所穿戴的凤冠霞帔，经过时代风潮的轮回，又成了现在最时髦的婚礼服饰。如果明朝人穿越到今天，也许会说：“你们身上穿的衣服，我穿过！”

复古就是最新热潮

复古是一种思潮，在古代也一样——明朝男子服饰力图恢复唐宋时期的汉服旧制，对于各色人等的服装颜色、图案都有很详细具体的规定。

戴乌纱折上巾、穿龙袍的皇帝

明朝皇帝的最高级礼服为十二旒十二章的衮冕，是效仿周代以来的皇帝礼服传统。明朝规定了衮冕的使用人群和范围，一般只有皇帝、亲王、皇太子、藩属国国王等在重大场合才能穿冕服，其旒数、章数递减。衮冕也可以作为这些有资格使用者的随葬品。

明朝皇帝冕服

博物馆中的服饰

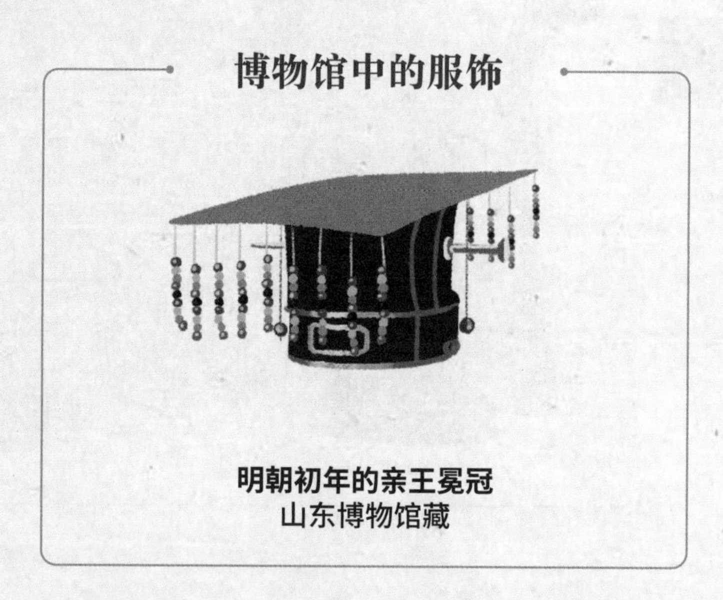

明朝初年的亲王冕冠
山东博物馆藏

皇帝穿的有龙纹饰的衣服叫龙袍，明朝皇帝的常服就是一种绣龙纹的袍，但并不都是黄袍。一般戴金冠或乌纱折上巾搭配龙袍，皇帝戴的折上巾原本想复原宋朝的折上巾，由于当时已经不知道宋朝折上巾的样子，所以复原得并不像。

博物馆中的服饰

万历皇帝龙袍（复制品）
南京云锦博物馆藏

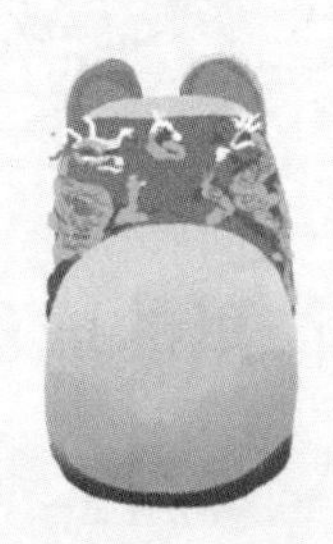

这种金冠样子类似乌纱折上巾，也是对宋朝折上巾的错误复原，冠的主体部分是用很细的金丝编成的。

金翼善冠
明十三陵博物馆藏

朝服是明代的官员礼服，包括梁冠、补服、佩绶、云头履、笏板等，不同品级有不同的规定。

补服是在官服上前后各缝一个补子，以区分等级。官服为盘领右衽、袖宽三尺的袍，袍色花纹各有规定。补子可以追溯到唐朝的绣纹袍，宋朝时也有绣狮子、练雀、翠毛等花纹的“臣僚袄子锦”，这些为明朝的补子品级图案提供了借鉴。武官补子绣兽类图案；文官绣禽类（鸟类）图案；法官属于文官，但无论哪个品级都绣獬豸图案。

文官： 一品仙鹤　二品锦鸡　三品孔雀　四品云雁　八品黄鹂

武官：一品、二品狮子　三品虎　四品豹　八品犀牛　九品海马

藏在服饰里的成语

【衣冠禽兽】

现在形容品德败坏、行为卑劣之人，好像是禽兽穿上了人类的衣冠。明清时期的官服上有禽兽图案的补子，当时人就以此讽刺贪官污吏是衣冠禽兽。

有一种官服是皇帝赏赐才能穿的，叫作赐服，根据花纹不同，有蟒服、飞鱼服、斗牛服、麒麟服四种。这几种赐服乍一看都很像龙袍，不过龙袍上龙是五爪，蟒服上是四爪龙，飞鱼服上是四爪鱼尾龙，斗牛服上是四爪牛角龙，麒麟服上麒麟的脚类似鹿蹄。

蟒服

四爪龙

这里的蟒不是普通蟒蛇，而是四爪龙（龙袍绣的是五爪龙），即一只爪上有四根趾。古代有五爪为龙、四爪为蟒、三爪为蛟的说法，蟒仅次于龙。

飞鱼服

四爪鱼尾龙

不是现代人认为的海里的飞鱼，而是长着鱼鳍鱼尾的蟒。

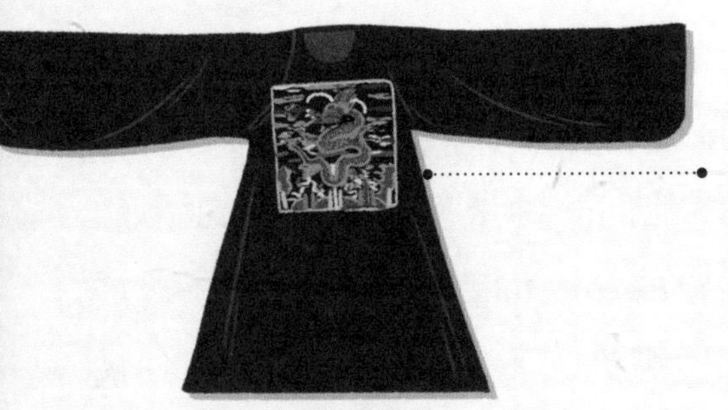

斗牛服

四爪牛角龙

是神话传说中的虬龙和螭龙，虬龙是有角的龙，螭龙是无角的龙，斗牛服补子为有角龙的形象。

麒麟服

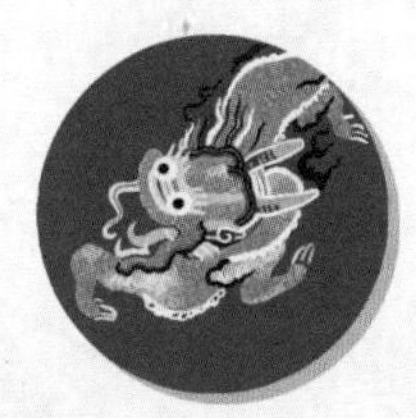

麒麟

麒麟是神话中的动物，也有把非洲的长颈鹿认作麒麟的。麒麟服上的麒麟虽然蹄似鹿，但显然还是双角、有鳞、长得像龙的神兽形象。

明朝的乌纱帽沿袭自宋朝展脚幞头，但幞头的两脚缩短，是搭配补服的官帽。

忠靖冠也是一种官帽的形制，其以铁丝为框架，内衬麻布，外蒙乌纱，冠后有两个竖立的翅，一品、二品、三品官员的忠靖冠可以加金边。

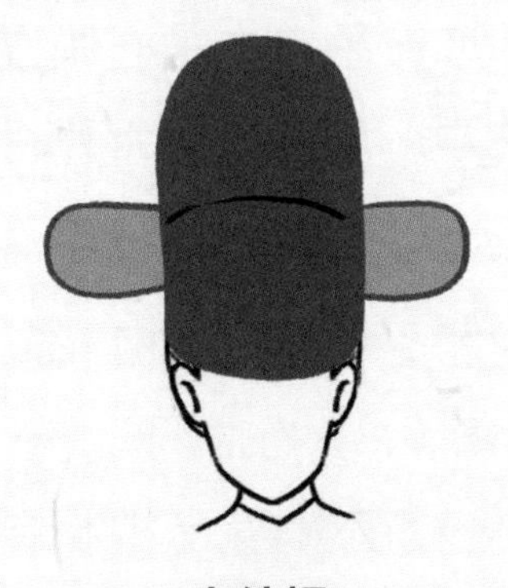

乌纱帽

忠靖冠

戴乌纱帽、穿仙鹤补服、佩绶的官员

明朝还流行一种与现在的遮阳帽非常相似的帽子，叫“大帽”，这种帽子在历史上曾经出现，但并未流行，等它再次回到人们的视线，据

唐伯虎画像

说也是为了遮阳。明太祖朱元璋接见科举考中的书生们，看大家站在烈日之下汗流浃背，很心疼，就赐他们一种带有圆圆帽檐的帽子。这之后，明代的举人们就都戴这种帽子，成为一种标志性服饰。著名的江南才子唐伯虎因为中过解元，他在流传至今的画像上也戴着这种大帽。朝鲜传统服饰大多受到明朝服饰的影响，因此我们看到朝鲜传统服饰的男装也配有类似的大檐黑色帽子。

大帽

四方平定巾

到了清朝，这种大帽就从主流服饰中消失了。后来民国时期兴起的礼帽，虽然与此相似，却是从西方传入的，并不是由大帽发展来的。

明朝男子头上戴网巾、儒巾、唐巾、圆帽、四方平定巾、瓜皮帽等，农民常戴斗笠。唐巾就是唐代幞头；圆帽款式沿袭自元朝的钹（bó）笠圆帽；四方平定巾是一块方正的头巾；瓜皮帽用六片材料拼成，又叫“六合一统帽”。

明朝男子便服为袍、衫、短衣、裙等，多为白、黑、蓝、紫等颜色，不能穿龙袍和官服的颜色。比较典型的有襕衫，是一种斜领大襟的宽袖衫，有的下摆取消了横襕。

博物馆中的服饰

明代襕衫
扬州博物馆藏

凤冠霞帔，女子服饰更精致

明朝女子服装有衫、袄、褙子、帔子、比甲、裙等，沿袭了唐宋旧制。明朝褙子款式与宋代相同，但穿着更广泛。

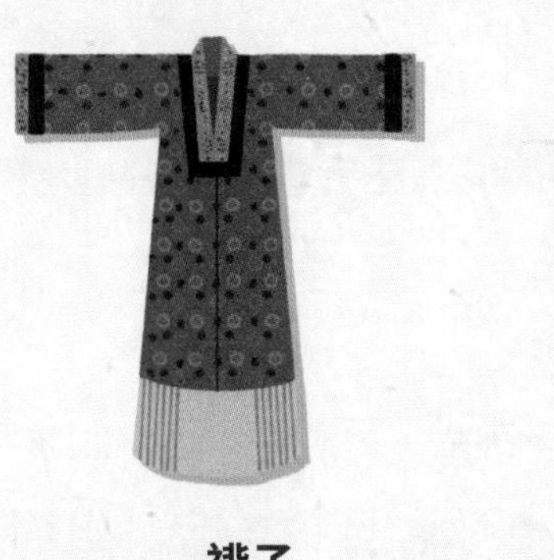

褙子

帔子

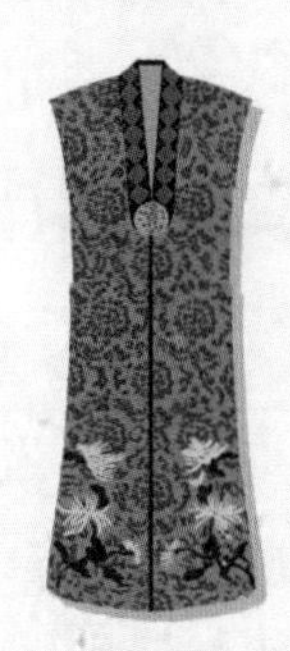

比甲

明朝女子多穿裙，裙的颜色多变，民间的裙只要不是大红、鸦青、正黄等皇家专用颜色就行。裙的样式以“马面裙”最为典型，马面裙在宋代旋裙基础上发展而来，特点是前后各有两个内外重合的裙门，侧面为褶裥。

马面裙有“襕裙”“月华裙”等款式，襕裙膝盖位置有裙襕装饰，月华裙的褶裥五颜六色，风吹裙动时宛如七彩月华。

除了马面裙，明朝还有“合欢裙”等裙式。

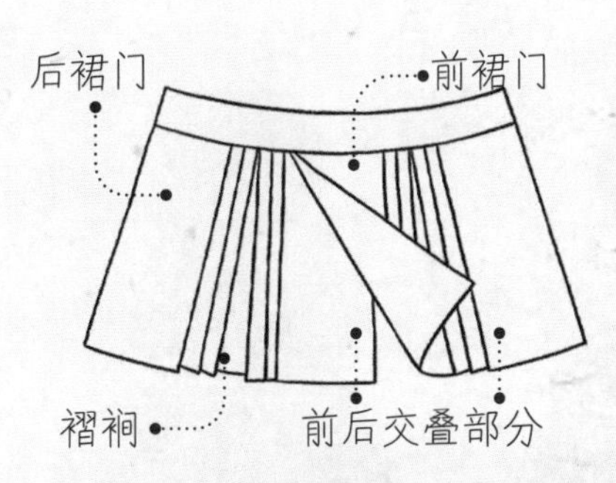

马面裙

月华裙

穿半臂、襕裙的女子

合欢裙

水田衣是用不同形状的布块拼接起来的衣服，也被称为“百家衣”。如果布块大小不一、形状不同，就像补丁。同样的做法也可以用来做童装、被褥等。

水田衣

藏在服饰里的成语

【鹑衣百结】

指身上穿的衣服补丁多，连缀起来就像鹌鹑鸟的秃尾巴，形容衣服破烂不堪。

凤冠是皇族、贵族、官员女子的礼帽，装饰华美。比如明神宗的正妻孝端皇后陪葬的凤冠，点缀了很多点翠和金银珠宝，上面有九条龙、九只凤凰。

“凤冠霞帔”原本是贵族女性的礼服，而且根据身份等级，凤冠和霞帔的颜色、图案、纹饰都不同。不过百姓女子也有一个机会穿上“凤冠霞帔”的，那就是结婚的时候。就算是平民百姓，也可以在这一天按照九品官的标准打扮自己呢。

博物馆中的服饰

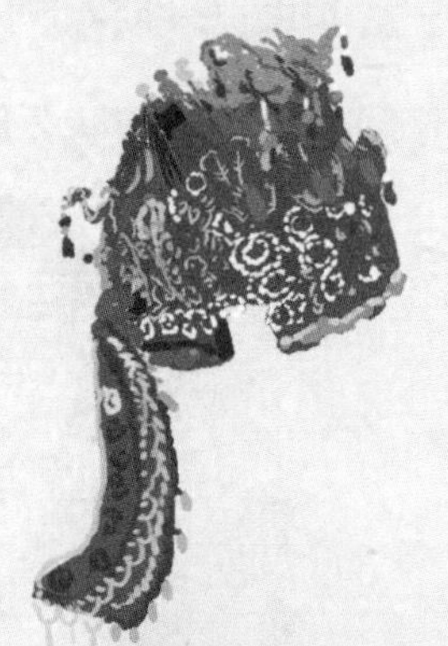
孝端皇后凤冠
中国国家博物馆藏

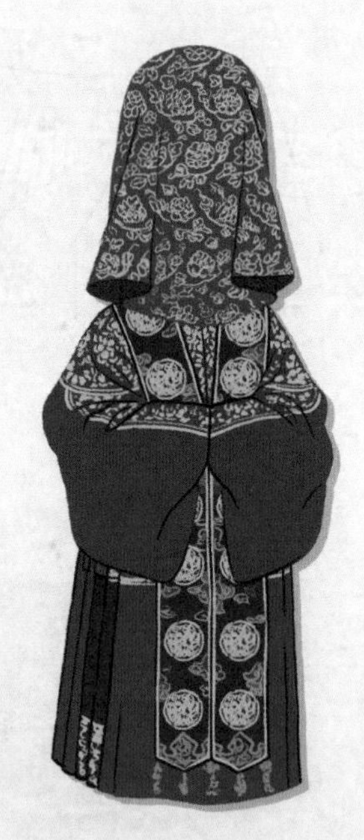
明代的婚礼上新娘不仅戴凤冠，还有大红盖头。

明朝女子喜欢用鲜花装点发髻，还喜欢戴假髻、头箍、簪子。

明朝花丝镶嵌工艺（又叫细金工艺）很发达，很多首饰都是金镶珠玉的款式，比如戴在耳朵上的耳塞或坠，戴在手上的手镯，戴在手指上的缠指等。

藏在服饰里的成语

【凤冠霞帔】

明朝官员妻子的礼服里面有凤冠和霞帔，以“凤冠霞帔”来指代其礼服。所谓霞帔，是指帔子精美华贵如同云霞一般。百姓女子在出嫁时也可以穿戴一次凤冠霞帔，因此又指女子出嫁时候的服饰。

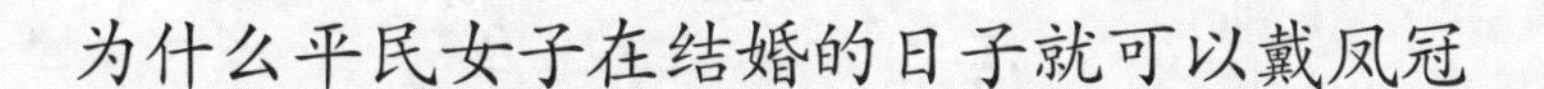

为什么平民女子在结婚的日子就可以戴凤冠

有两个难辨真假的传说。

第一个传说是在北宋与南宋交替的“靖康之难”中，当时还是康王的赵构骑着白马一路逃到了宁海，后面金国的追兵近在眼前，千钧一发之际，一位正在晒谷子的村姑把赵构藏在装谷子的箩筐里，帮他躲过一劫。赵构许下承诺：“如果我以后能登基当皇帝，这位姑娘在出嫁时可以享受戴凤冠的殊荣。”后来，赵构果然做了皇帝，而那位姑娘也戴着凤冠风光出嫁。乡里的新娘们纷纷效仿，于是这个风俗传遍了浙江各地，经过很多年又传遍了全国。

戴凤冠、披霞帔的皇族女子

第二个传说是明太祖朱元璋的妻子马皇后出身平民，却成了一国之母，让家乡的姐妹们羡慕不已。马皇后向朱元璋奏请，让民女在出嫁时能够戴凤冠、披霞帔，也沾沾自己的福气。朱元璋非常敬重马皇后，答应了这个请求，从此凤冠霞帔就成了婚服的标配啦。清朝之后，很多汉族的传统服饰渐渐消失，凤冠却一直保留在婚礼的服饰之中。

满汉融合

明朝之后，清朝建立，这是中国历史上最后一个封建王朝，立国 276 年。清朝是中国历史上第二个由游牧民族建立的大一统政权，统治阶级是满族，所以这一时期满族服饰和汉服有了程度很深的融合。

清朝的服饰离我们并不遥远，我们还是幼童的时候，可能穿过肚兜——这是清朝人常穿的内衣；秋冬季节，我们仍然会穿上坎肩和马靴——这是从清朝演变而来的服饰；逢年过节，很多小朋友还会穿上马褂、戴上瓜皮帽，这副打扮充满节日氛围。可以说，清朝的一些服饰一直被穿到今天，在我们的生活中仍然占有一席之地。

马褂和瓜皮帽登上历史舞台

如今我们过春节的时候，大人们总喜欢给小孩子穿一身复古的节日装，男孩子最常见的就是马褂和瓜皮帽了，这些服饰全部来自清朝。先来看看在清朝男子都穿什么吧。

袍是清朝各阶层男子都可以穿的服饰。满族的袍多开衩，以便于骑马。清朝规定皇族袍开四衩，平民袍不开衩，以示区别。

有一种开衩窄袖大袍叫“箭衣”或“箭袖衣”，和蟒服类似，其袖口有突出在外的半圆形袖头，叫“箭袖”“马蹄袖”，是典型的满族服饰部件。

清朝的武将服饰

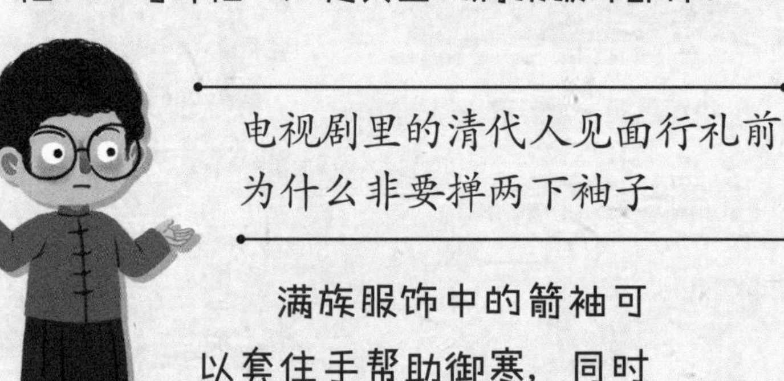

电视剧里的清代人见面行礼前为什么非要掸两下袖子？

满族服饰中的箭袖可以套住手帮助御寒，同时不影响射箭，天热时还能卷起来，是非常实用的设计，后来演变成一种装饰。清朝很多服装上都有箭袖，在行礼时，要先把袖口放下，行礼后再卷起，叫作打千礼，后来简化成影视剧中常看见的掸袖子动作。

博物馆中的服饰

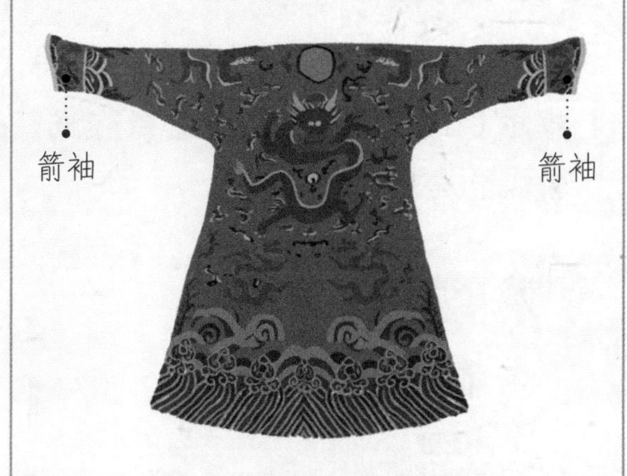

粉色妆花缎云金龙纹箭衣
故宫博物院藏

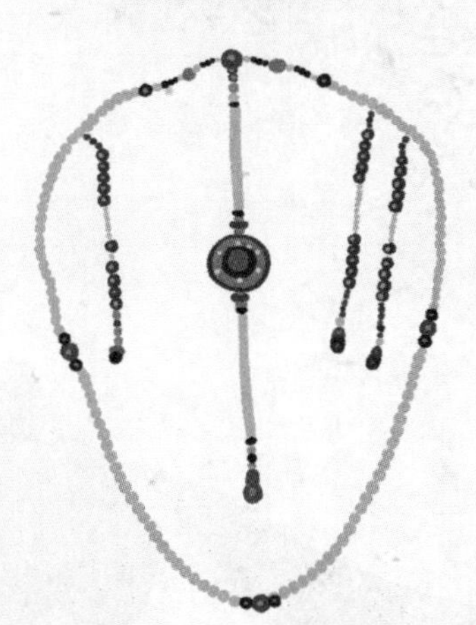

咸丰皇帝的东珠朝珠
故宫博物院藏

清代珊瑚十八子手串
故宫博物院藏

王公大臣的朝服一般包括翎顶、披肩、蟒服、补子、箭袖、朝珠等部分。朝服补子图案沿袭自明朝，但又有细微差别。

皇帝、嫔妃、皇子、亲王、高级官员等，在穿朝服时要佩戴朝珠。朝珠主珠有108颗，以琥珀、蜜蜡等珍贵宝石、玉石制作；还有三串小珠，称为“纪念”，男子戴朝珠时纪念左二右一，女子则相反，左一右二；背后还有一长串珠饰，称为“背云”。戴朝珠时，男子只脖子上戴一串；女子穿吉服时也是戴一串，但穿朝服时除脖子上戴一串外，还要左右绕肩斜戴两串。朝珠的材质、绳线颜色也都有等级规定。

搭配官服的有专门的冠，冬天是带檐边的暖帽，夏天是形似斗笠的凉帽，帽上都有红色帽纬，用不同的帽顶珠来区分等级。

帽顶珠下有翎管，可以插花翎，花翎上面的圆圈图案叫“眼”。一般的武官插无眼蓝翎，用的是鹖鸟羽毛，传承自古代的鹖冠；此外还有一眼、二眼、三眼花翎，用孔雀羽毛，眼越多越尊贵，一般王公贵族或获赏赐的官员才能戴。

博物馆中的服饰

红宝石是一品官员才可以使用的。

红宝石帽顶
故宫博物院藏

画像中的官员戴暖帽，穿一品仙鹤补服，戴朝珠。

《黄钺朝服像轴》中的官员朝服形象
故宫博物院藏

藏在服饰里的成语

【顶戴花翎】

顶戴指的是官员的官帽，花翎是官帽上的附件。在清朝，只有官员的帽子才叫顶戴，也只有官员的帽子上才有花翎，因此这个词后来就泛指官员、官职、官位。皇帝剥夺大臣的官位，就叫“夺了你的顶戴花翎”。

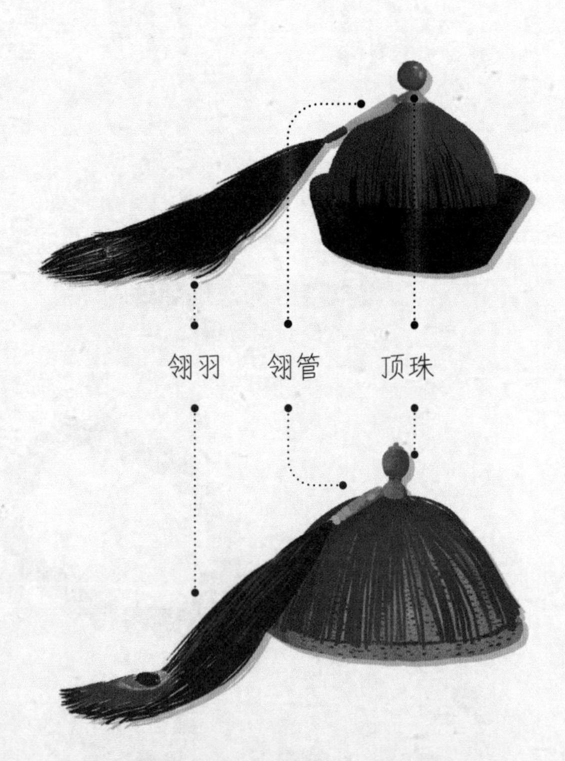

顶戴花翎（上为暖帽，下为凉帽）

博物馆中的服饰

蓝色漳绒团八宝大襟马褂
故宫博物院藏

马褂也叫“行褂”，是一种衣长不过腰、袖长不过手肘的短衣，绸缎或皮毛面料，可以作为礼服，其中黄色面料或黄色纽襻（pàn）的马褂为赐服，称为“黄马褂”。

坎肩是无袖短衣，也叫“背心”“马甲”。男女均可穿，内外均可穿。根据衣襟走向不同，分为“琵琶襟坎肩”“大襟坎肩”“一字襟坎肩”等。

对襟坎肩

琵琶襟坎肩

大襟坎肩

一字襟坎肩

也叫“巴图鲁坎肩”，可以作为礼服。巴图鲁是满语勇士之意。

清朝服装普遍无领，穿礼服时需加领衣，这样显得美观。领衣中间有开衩和纽襻，形状像牛的舌头，所以又叫“牛舌头”。

披领是朝服的一部分，披在肩背上，有彩绣或镶边装饰。

牛舌头

清朝男子多穿裤，已经不穿裙，各地裤的款式有所不同，北方有御寒的套裤，江南有灯笼裤等。

清朝最常见的帽是瓜皮帽，沿袭自明朝的六合一统帽，帽顶有红丝绳结子或者宝石、玉石等材质的饰品，帽前有一个帽准，多为玉、翡翠或宝石材质。

瓜皮帽

男子穿公服时配靴，穿便服时配鞋，有“云头靴”“双梁鞋”“扁头鞋”“快靴”等不同款式。

博物馆中的服饰

黄色云龙妆花缎夹裤
故宫博物院藏

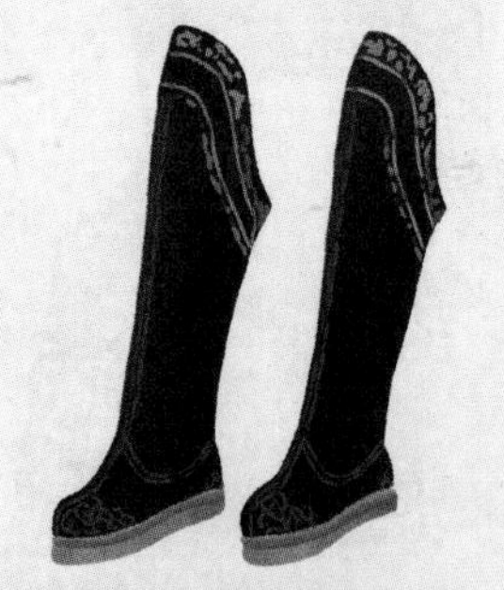

蓝色漳绒串珠云头靴
故宫博物院藏

并不是所有女孩都穿“花盆底”

清代的女子所穿的衣服也有现在服饰的影子，很多款式一直到现在还是有很多人喜欢。一套典型的清朝汉族女子服饰，由多件内外衣组成，包括肚兜、贴身小袄、大袄、坎肩、披风等。

穿袄、裙或裤的汉族女子

女式肚兜

肚兜也叫兜肚、抹胸，是用绳或链绑在身前的一片布，相当于现在的女式内衣；贴身小袄一般用丝绸或软布制作，颜色鲜艳，相当于现在的秋衣；大袄是外套，长至膝盖下面，多为右衽大襟；坎肩和披风都是天冷或外出时才需要加上的。

裙子多是长裙，穿在长衣内，根据身份和场合，颜色有红色、黑色、湖色、天青色等。

清朝女子所穿的裙子以马面裙为主，又有很多不同的细分款式，有宛如凤尾的“凤尾裙”，光泽闪耀如鱼鳞的“鱼鳞裙”等。

由马面裙变化而来，用细长的彩布条代替完整的布料，多穿在底裙之外作为装饰。

凤尾裙

行走时细密的褶裥富有流动的视觉效果，仿佛鱼鳞一般。

鱼鳞裙

丫鬟等身份较低的女子也有只穿裤不穿裙的，一般在坎肩下露出一截裤子，有的裤子上有纹饰。

云肩是套脖子上的披肩装饰，一般在行礼或新婚时戴，后来渐渐普及。云肩沿袭自传统汉服，唐朝时已有，明朝时已很普遍，清朝时常见的如“柳叶式小云肩”。

柳叶式小云肩

昭君套

清朝女子平时不戴帽，天冷时带一种遮眉勒保暖，也叫昭君套，这样可以展示美丽的发型。南方女子还有一种兜勒，也叫脑箍，装饰有珠翠绣花，用带子绑在后脑勺上。四大名著之一《红楼梦》描述了一些女子的装扮，其中王熙凤特别喜欢戴昭君套。

满族女子不缠足，穿高跟的木底鞋，其中木跟形状像花盆的叫“花盆底”，形状像马蹄的叫“马蹄底”，是满族特色的女鞋。

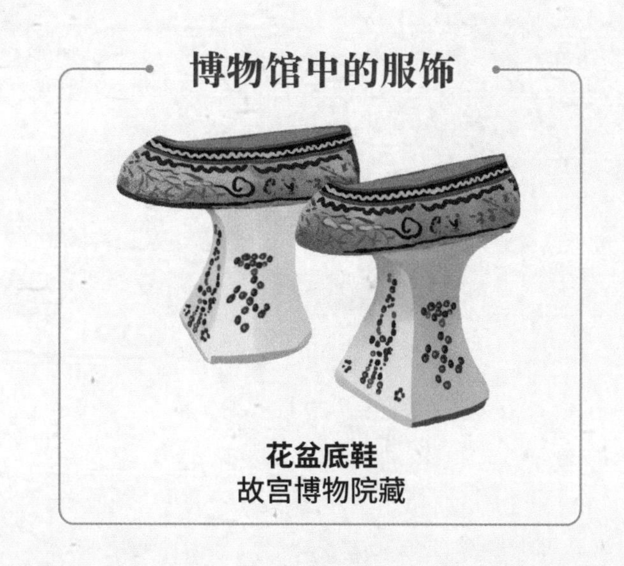
博物馆中的服饰

花盆底鞋
故宫博物院藏

不过，这个时期汉族女子仍是缠足的，她们穿木底弓鞋，鞋面有刺绣、珠宝、金铃作装饰，也有穿木屐的，还有一种鞋子木底里面藏有香料。

满汉女子都喜欢在发髻上戴鲜花、翠鸟羽毛、红绒绢花作装饰，此外还有银簪、木梳等头饰。其他首饰包括耳环、臂镯、项圈、宝串、指环等。

满族女孩儿出生后，有一耳穿三孔、戴三个耳环的传统，称为“一耳三钳”，所以宫廷女子耳环多为一副六个耳环。

在这一时期，满族人的服饰吸收汉族服饰的特点，而汉人也被迫或自愿穿戴起满族服饰，中华文明历来具有很强的包容性，体现在服饰上也不例外，融合之后再发展，生生不息，绚烂多姿。

历史放大镜 康熙南巡图（局部）

清代的宫廷画师花了两年的时间绘制了《康熙南巡图》，把沿途的风土人情全部描绘了出来。本页图画复制了《康熙南巡图》的局部，但是画错了4个人，还多画了1个人，你能找到吗？根据服饰就可以判断哟。（答案见本书第110~111页）

从民国到现代

文明新装，走向未来

1919 年辛亥革命后，清朝灭亡，进入民国时期。在民族主义和西方文化的共同影响下，服饰大有改变，主要体现在大力废除烦琐的传统服饰，借鉴国外的服装款式和风格上。但受到传统文化影响，中国风格的长袍、马褂等服装仍有大量人爱穿，一时间古代和现代的服装并存，形成民国服饰的一大特色。

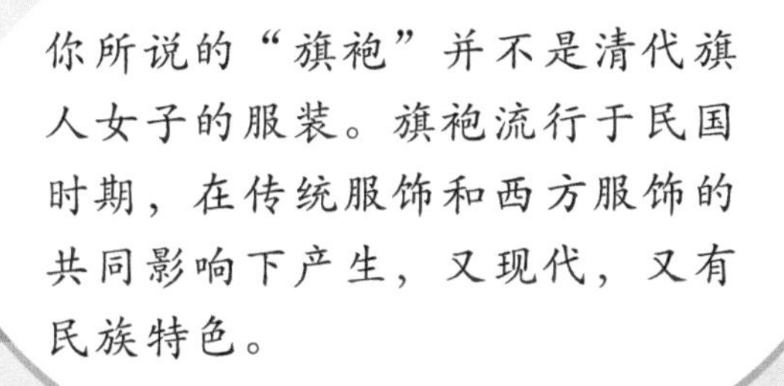

自民国以来，随着东西方交流的加深，以及科技的发展、人们生活方式的变化，全新的穿衣习惯逐渐形成。仔细打量我们今天的衣柜，很可能发现民国时期的款式：女子的旗袍、男子的中山装——这些文明新装，并没有在历史的进程中被淘汰，而是伴着岁月来到我们的生活中，被我们穿着走向未来。

从长衫到中山装

民国时期把长衫、马褂列为礼服，长衫穿在内，马褂套在外。长衫又称长袍，特点是立领，相对窄瘦合身。马褂继承自清朝马褂，但袖子和下摆有所加长。穿长衫、马褂时一般搭配瓜皮帽、罗宋帽、裤子、布鞋或棉靴。

博物馆中的服饰

黑色福寿菱形纹绞纱绸对襟男马褂
北京服装学院民族服饰博物馆

烟灰色席纹开光提花缎衬羊羔皮男长衫
北京服装学院民族服饰博物馆

罗宋帽又称“风雪帽”，是一种保暖的男式冬帽，有双层绒，帽墙成三翻式，把帽墙翻下，前面脸部只露出一蛋形圆孔，耳朵、后脑、脖子等都可罩住。这种帽子是从俄罗斯传入中国的，中国

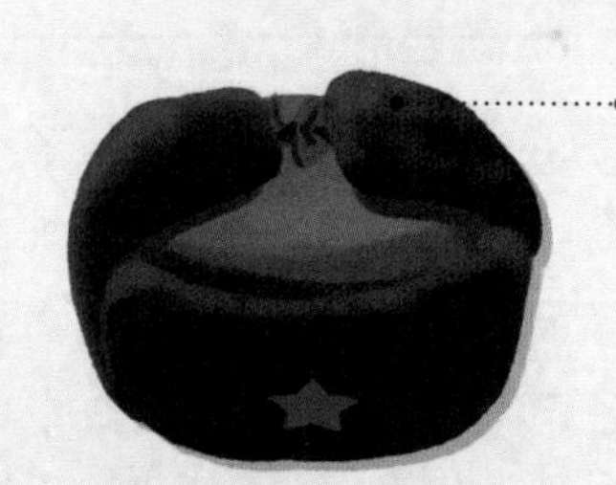

雷锋帽

从罗宋帽发展出的雷锋帽，曾经风靡大江南北。

人对俄罗斯的古称为罗宋，所以这种帽子被称为“罗宋帽”，是后来雷锋帽的原型。

礼帽是一种西方传来的帽子，帽子多接近圆顶，有很宽的帽檐。头戴西式礼帽、身穿长衫和西裤、脚蹬皮鞋，是一种中西合璧的装束，既有民族感，又有现代感。

受国外影响，有的男子像外国绅士那样，戴西式礼帽，穿西装，蹬皮鞋，搭配手表、怀表等配饰。

罗宋帽

西装

礼帽

藏在服饰里的成语

【西装革履】

身穿西装，脚穿皮鞋，形容衣着正式或时髦。民国时期西装开始在中国流行，穿西装被认为是新派作风，因此有了这个成语。

学生装是受欧洲西服和学生制服影响产生的一种服装，一般为立领，左胸有一个口袋。

中山装因孙中山先生穿此衣服而得名，是改良自学生装的国产服装。中山装有 4 个口袋、象征国之四维“礼、义、廉、耻”；袋盖为倒笔架，寓意以文治国；衣襟上 5 粒纽扣，代表行政、立法、司法、考试、监察的五权分立；袖口 3 粒纽扣表示三民主义（民族、民权、民生）；后背不破缝，象征国家统一。

孙中山先生的塑像

我们可以看出中西合璧的穿衣风格。

穿中山装的男子

穿学生装的男子

穿长衫、马褂，戴瓜皮帽的男子

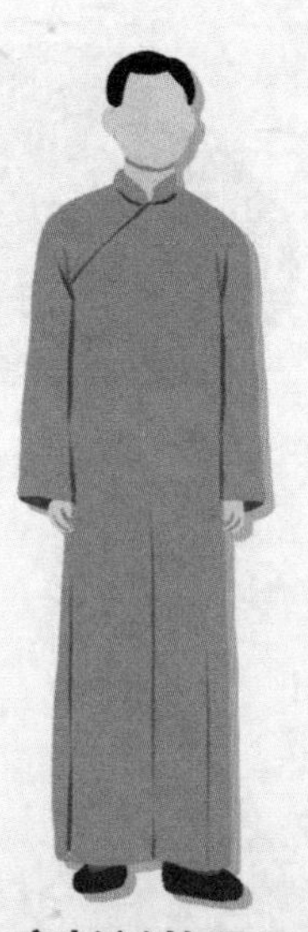

穿长衫的男子

穿西装的男子

从袄裙到旗袍

这一时期，受学生制服影响，很多女子穿窄而修长的高领袄和黑色长裙，不戴复杂的首饰。袄裙上衣较为窄小，袖长在手肘附近，有的在衣服边缘有珠饰或绣花，被称为“文明新装”。

袄裙

旗袍最初为满族旗人女子的长直袍子。民国时期，受外国文化影响，传统旗袍衣长变短、腰身收紧，形成了富有中国特色的改良旗袍，能衬托女子姣好的身材曲线，展现端庄、典雅、沉静、含蓄的东方女性美。

旗袍的款式变化较多，领子有高领、低领、无领，袖子有长袖、短袖、无袖，衣长有及地的、到膝盖的，开衩有到膝盖的、到胯下的。旗袍一般搭配高筒丝袜、高跟皮鞋等新式鞋袜，天冷时可以外加坎肩、围巾、披风、大衣御寒。

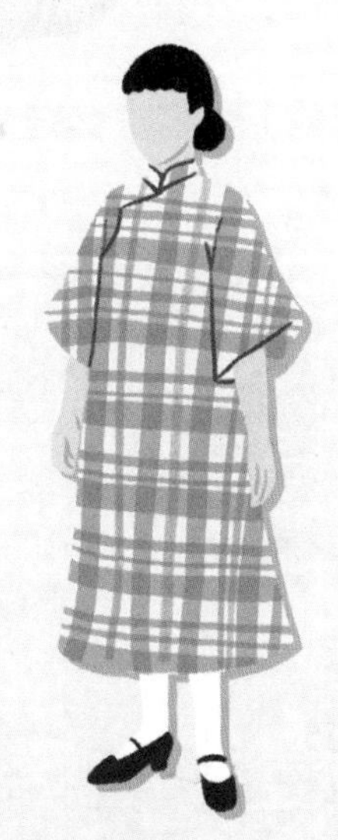

1911~1920年

1930~1940年

1940年以后

旗袍款式的演变

今天女士穿的高跟鞋和丝袜，在民国时期就已经有了。

那时，男子有尖头或平头的皮鞋，女子则会穿绸缎面的平底鞋或高跟鞋，有的鞋上还有蕾丝、亮片等装饰。当时，有一种叫“镂花履”的女式尖头高跟布鞋，以白色最为时尚，用漆皮镶嵌，襻带两侧设计成镂空的中国古钱纹样。

从外国传来的丝袜，在 20 世纪 20 年代开始成为女性身上的袜式。丝袜用锦纶（旧称尼龙）等材料制作，有肉色、肉灰色、雪青色、咖啡色、玫瑰红色等不同颜色，分为长筒袜、中筒袜、短筒袜、跳舞袜等不同款式。当时，丝袜是高档品，有的高档丝袜比高档皮鞋还要贵呢。

民国时期的丝袜广告

20 世纪 30 年代的上海高跟女鞋

原来如此

摩登

民国时期，上海等城市涌现出一批摩登人士，他们身穿西式服装，发型新潮，行为举止也很新派。“摩登”是英语 modern 的音译，有现代、时髦的含义。后来人们越来越多地使用这个词语来形容先锋的、引领时代潮流的人和事物。

民国杂志上穿着旗袍洋装、烫着新潮卷发的摩登女郎今天的女子除了穿裙子，还可以穿各种各样的裤子。以前，人们认为具有良好家教的女子只能穿裙子——不仅仅在中国，在西方也是这样的。1910 年，一个叫可可·香奈儿的法国女人创立了自己的服饰品牌，她大胆地改变了女装传统，设计了漂亮的女裤，引领了当时欧洲的时尚风潮，同时，人们认识到女性可以与男性一样读书工作，也拥有聪明的头脑和坚韧的意志，能够在很多方面对社会作出贡献。

1910 年之后，我国各地陆续开办了很多女子学校。女学生们在学校里也要做操，于是就要穿裤装。渐渐地，便服中的女裤越来越多了。

民国时期的很多服饰已经与今天我们的十分相似，有些甚至原原本本地被我们穿到了今天，比如中山装、西装、旗袍等。

从远古到现代，服饰一直在发展和变化。今天，我们所穿的衣服，其实也是服饰历史的一部分。

民国女校中穿裤装上体育课的女学生

今天，我们这样穿

今天的我们走在大街上，会发现人们的穿着多姿多彩，这是一个开放自由的时代，也是一个彰显个性的时代。除了美观大方，人们越来越注重生活的舒适和自在，喜欢穿着舒服，追求行动方便，来自欧美的服装很大程度上迎合了人们的需求，于是大量地融入我们的日常服饰中。

不同类型的运动都有相应的运动服装。

舒适放松的家居服

正式而得体的工作装

逛街时穿的清新的亲子装

今天跟古代一样，在不同的场合，穿不同的服饰。

穿中式婚礼服的新郎新娘

同时，在历史长河中出现过的那些传统服饰，也没有完全消失，有一些服饰直接融入了我们的日常穿搭中，比如马甲、百褶裙、马面裙、肚兜、旗袍、马靴等；直到今天，我们还是喜欢佩戴玉石，长头发的女子会盘起头发，插入一根发簪。这些服装款式也传到了全世界，丰富了各国人们的衣橱。

近年来，人们更加重视优秀传统文化，很多人喜欢穿着具有浓郁中国古典风格的服装，或参加重要的典礼，或在文化古迹中拍照打卡，或自信地走在路上，接受路人赞美的目光。这一刻，传统文化正与新时代文明交相辉映。

穿清宫装在故宫打卡的女孩

穿汉服襦裙和袍衫逛街喝咖啡的情侣

今天，我们所穿的现代服饰，也终将成为服饰历史的一部分。等到100 年之后，如果又有一本这样的书来介绍服饰历史，不知又会如何描述我们今天的服饰呢？你能想到吗？

历史放大镜答案

1 披帛是唐宋时期女子喜爱的配饰。

2 这名男子所穿的圆领袍衫，是唐代经过多民族服饰融合之后，深受当时人们喜爱的款式，汉代的人还不会这样穿。他头上所戴的幞头也更加接近明代的款式。

3 这样的玉佩戴在女子身上叫禁步，是明代以后才有的。汉代的女子还不会佩戴禁步。

4 这样的大袖衫和长裙，是唐代最时兴的款式。在汉代，女子更多穿深衣。

5 这是明代的时候流行的一种裙子，叫合欢裙，经常劳动的女子穿着它，方便劳作。

6 这个人画错了。这是一名来旅游的国际友人，从服饰上看，来自现代。

7 这个人是多画的人物。他戴着宋代官员的展脚幞头，却穿着现代的西装。

8 这位老兄头戴唐朝时兴的交脚幞头，上身的圆领衫也有唐宋时期的特色，却穿着牛仔裤，挎着现代的公文包。他是多画的人物。

9 这个人画错了。民国时期一些劳动人民喜欢这样穿，方便又凉快。

10 这个人画错了。这么时尚的棒球帽，显然来自现代！

11 这个人是多画的人物。头戴纶巾，手执羽扇，是诸葛亮，还是周瑜？总之不是清朝人士。

12 这名船夫画错了。他头上戴着逍遥巾，清朝时不允许留这样的发型。

13 这个头上戴着展脚幞头的人画错了，他显然来自宋朝。

14 这个头上戴着交脚幞头的人画错了。交脚幞头是唐朝服饰。

15 这个人画错了。这样的发型在清朝基本上看不到，因为清朝规定男子必须剃发（道士除外）。

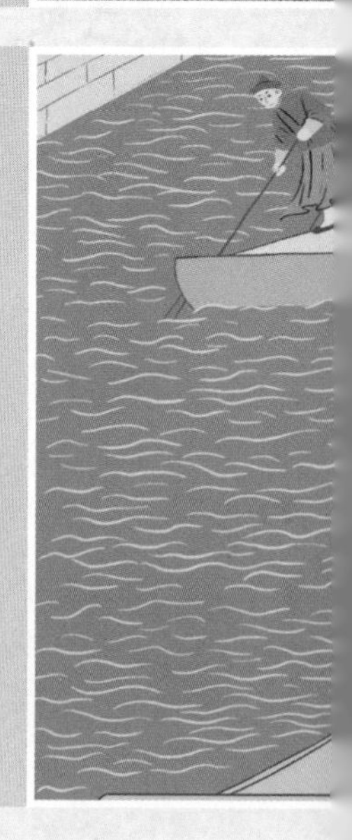

第 53 页　魏晋南北朝女子发型与名称

螺髻

不聊生髻

高髻垂髯

撷子髻

十字髻

灵蛇髻

惊鹤髻

飞天髻